EX—LIBRIS

杨佴旻《百合》2011

加装画框请沿此线裁剪

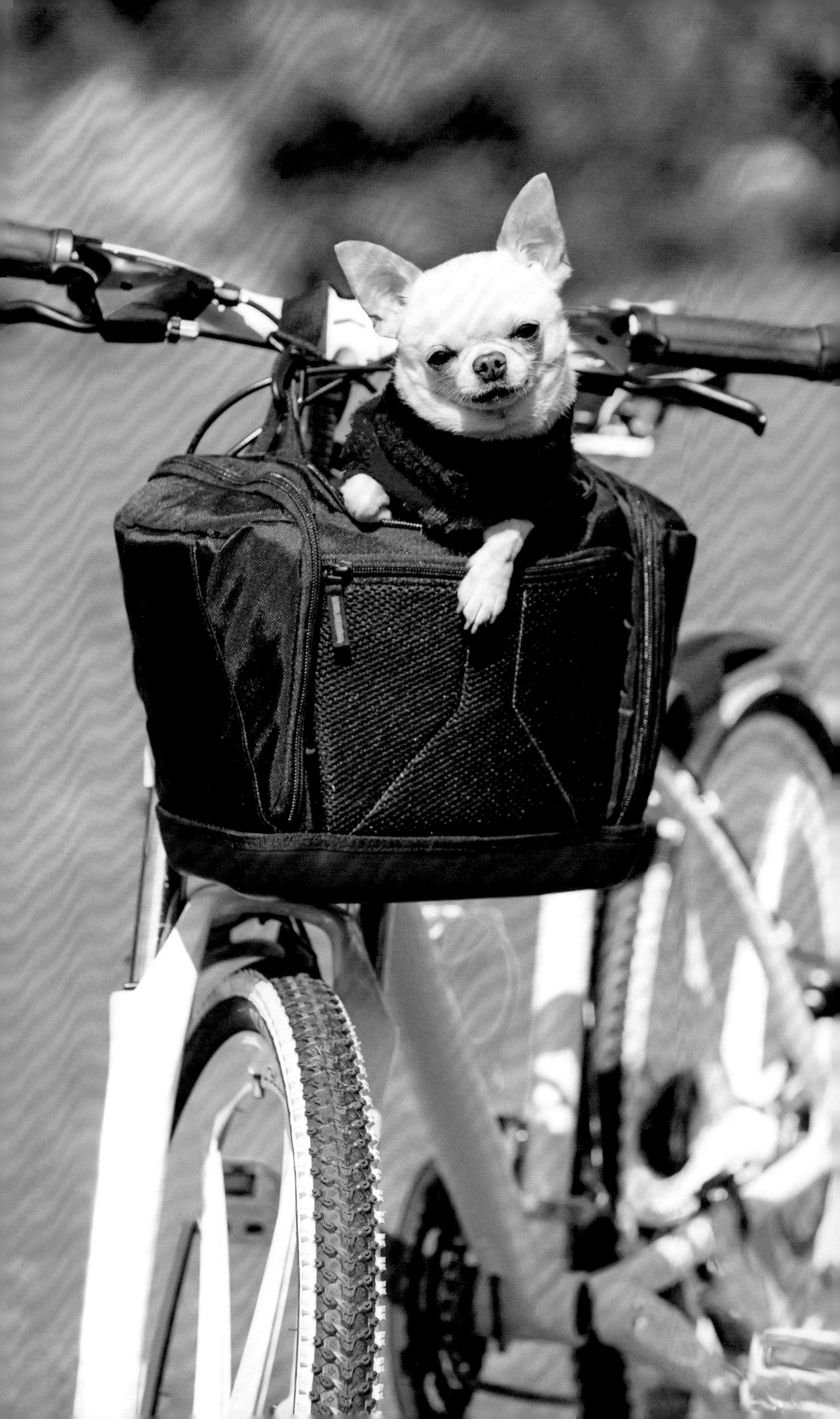

大 自 然 博 物 馆  百科珍藏图鉴系列

名犬

大自然博物馆编委会　组织编写

 化学工业出版社

·北　京·

图书在版编目（CIP）数据

名犬 / 大自然博物馆编委会组织编写. —北京：化学工业出版社，2019.1

（大自然博物馆. 百科珍藏图鉴系列）

ISBN 978-7-122-33287-5

Ⅰ. ①名… Ⅱ. ①大… Ⅲ. ①犬-图集 Ⅳ. ①S829.2-64

中国版本图书馆CIP数据核字（2018）第258360号

责任编辑：邵桂林　　　　装帧设计：任月园　时荣麟

责任校对：宋　夏

出版发行：化学工业出版社（北京市东城区青年湖南街13号　邮政编码100011）

印　　装：北京东方宝隆印刷有限公司

850mm × 1168mm　1/32　印张9　字数300千字

2019年4月北京第1版第1次印刷

购书咨询：010-64518888　　售后服务：010-64518899

网　　址：http://www.cip.com.cn

凡购买本书，如有缺损质量问题，本社销售中心负责调换。

定　　价：59.90元

大自然博物馆  百科珍藏图鉴系列

总序

人·自然·和谐

中国幅员辽阔、地大物博，正所谓“鹰击长空，鱼翔浅底，万类霜天竞自由”。在九百六十万平方千米的土地上，有多少植物、动物、矿物、山川、河流……我们视而不知其名，睹而不解其美。

翻检图书馆藏书，很少能找到一本百科书籍，抛却学术化的枯燥讲解，以其观赏性、知识性和趣味性来调动普通大众的阅读胃口。

《大自然博物馆·百科珍藏图鉴系列》图书正是为大众所写，我们的宗旨是：

- **以生动、有趣、实用的方式普及自然科学知识；**
- **以精美的图片触动读者；**
- **以值得收藏的形式来装帧图书，全彩、铜版纸印刷。**

我们相信，本套丛书将成为家庭书架上的自然博物馆，让读者足不出户就神游四海，与花花草草、昆虫动物近距离接触，在都市生活中撕开一片自然天地，看到一抹绿色，吸到一缕清新空气。

本套丛书是开放式的，将分辑推出。

第一辑介绍观赏花卉、香草与香料、中草药、树、野菜、野花等植物及蘑菇等菌类。

第二辑介绍鸟、蝴蝶、昆虫、观赏鱼、名犬、名猫、海洋动物、哺乳动物、两栖与爬行动物和恐龙与史前生命等。

随后，我们将根据实际情况推出后续书籍。

在阅读中，我们期望您发现大自然对人类的慷慨馈赠，激发对自然的由衷热爱，自觉地保护它，合理地开发利用它，从而实现人类和自然的和谐相处，促进可持续发展。

前言

犬是人类的朋友。

在古诗中，俯首可拾对犬的描绘："狗吠深巷中，鸡鸣桑树颠"（晋·陶渊明《归园田居》），"柴门闻犬吠，风雪夜归人"（唐·刘长卿《逢雪宿芙蓉山主人》），"扣门无犬吠，欲去问西家"（唐·皎然《寻陆鸿渐不遇》），"犬吠水声中，桃花带雨浓"（唐·李白《访戴天山道士不遇》），"此行无弟子，白犬自相随"（唐·贾岛《送道者》），"寒花催酒熟，山犬喜人归"（唐·钱起《送元评事归山居》）……

在外国文学中，《再见了，可鲁》描绘了一只聪明、一生都在工作的狗狗可鲁；在《巴别塔之犬》中，狗狗"罗丽"是女主人从苹果树上坠地身亡的唯一目击者，究竟是自杀还是他杀？在《谢谢你，塔莎》中讲述了流浪狗出身的"塔莎"和伤残却快乐的女孩，让孩子懂得生命永远有阳光！不一而足。

据说，犬是由早期人类在距今4万年前从灰狼驯化而来，跟人类生活得很紧密，关系也变得越来越亲密。起初，它们被驯养成帮助人类祖先狩猎的工具，后来经过漫长的演化，其品种越来越多，功能也不断增多，在人类生活中发挥着越发重要的作用。例如，猎犬帮助人们狩猎；军犬帮助军警缉毒和缉拿犯罪嫌疑人；宠物犬陪伴人类度过孤独寂寞的时光；导盲犬帮助行动不便的盲人；充当其眼睛和双手等。许多人已经把家犬当作家庭成员的一分子，建立了亲密的感情和友谊。

目前，世界上总计有犬种1400余种，其中定类的有500多种，现存的450种左右，世界名犬里收录的有240多种，常见的有100多种。

我国人民养犬有着悠久历史，自创造文字伊始便有对犬的记载：《殷墟文字类编》中有犬的象形文字；《易》中有代表犬的符号；《诗经》中“无感我悦兮，无使尨也吠”，“尨”即指犬。

中国本土犬种有着优良的品质，最著名的有中华田园犬、藏獒、松狮、巴哥犬、西施犬、中国冠毛犬、西藏猎犬、中国沙皮犬、拉萨犬、北京犬等，被誉为“十大名犬”，深受爱宠人士的欢迎。

在西方，除了狩猎犬、农场上的牧羊犬，一只可爱的宠物犬也成了贵妇们的“标配”，并诞生了形形色色的犬类展览、比赛和品种协会。

本着“立足国内，放眼世界”的原则，本书收录了玩赏犬、牧羊犬、工作犬、狩猎犬、运动犬、非运动犬、梗犬共102种，以讲述世界常见犬种为主，同时收录我国最常见的本土犬种，图片500余幅，精美绝伦，文字讲述风趣、信息量大、知识性强，是不可多得的养犬科普读物。本书适于犬类爱好者、宠物饲养爱好者阅读鉴藏。

喜乐蒂牧羊犬

藏獒

轻松阅读指南

本书详细讲述了全世界102种犬种的起源、形态、习性、养护要点等，体例规范，内容详尽。阅读前了解如下指南，有助于您获得更多实用信息。

篇章指示

犬种名称
提供中英文名称

犬种性情
性情概述

饲养难度
性情概述

犬种起源
对犬种的诞生、命名及相关故事等进行生动讲解

犬种形态
指导你认识和鉴别犬种

图片展示
形象说明犬种的局部特征

PART 1
玩赏犬

布鲁塞尔格里芬犬 Brussels griffon

性情：聪明、灵敏、机警、自信、顽皮、极富个性
养护：中等难度

布鲁塞尔格里芬犬起源于17世纪，是爱芬品犬和比利时街犬的后代，出身不高贵也不古老，却是最有特点和个性的犬。身为玩赏犬的它不骄不纵，随时都会贯彻其快乐的本质，被称作比利时街头快乐的“小顽童”。19世纪时它逐渐受到统治阶层的关注，成为皇室爱犬。20世纪该犬种按被毛类型为两种，刚毛型犬形似爱尔兰梗，光滑被毛型犬形似巴哥犬。这两种犬皆体型小巧而结实有力。

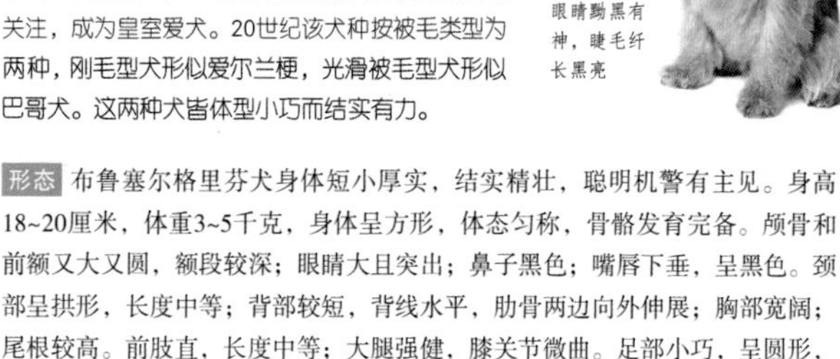

眼睛黝黑有神，睫毛纤长黑亮

形态 布鲁塞尔格里芬犬身体短小厚实，结实精壮，聪明机警有主见。身高18~20厘米，体重3~5千克，身体呈方形，体态匀称，骨骼发育完备。颅骨和前额又大又圆，额段较深；眼睛大且突出；鼻子黑色；嘴唇下垂，呈黑色。颈部呈拱形，长度中等；背部较短，背线水平，肋骨两边向外伸展；胸部宽阔；尾根较高。前肢直，长度中等；大腿强健，膝关节微曲。足部小巧，呈圆形，脚趾紧凑，指甲与肉垫均为黑色。被毛分两种，刚毛型又粗又长，材质偏硬，光滑型又短又直，浓密有光泽。

步伐稳定坚韧，具有自信，呈直线行走
面部和下颚长有较长的修饰性被毛

原产国：比利时 | 血统：德国猴面梗犬×比利时街犬 | 起源时间：17世纪

070

原产国 品种诞生国家

血统与起源时间 方便认知其家族谱系与历史

犬种习性

对犬种习性进行详细说明，方便你了解该犬种的喜好特点、相处容易度、受训性、喜叫程度和寿命等信息

习性 布鲁塞尔格里芬犬是优秀的伴侣犬，聪
月，机警，愉快，自信，平日里对人和动物非常
友善，喜与主人一起短时间散步。喜待在凉爽通
风整洁处，对生活空间大小没有过多需求，冷热
适应性中等，适合室内饲养。疏于训练会变得骄
傲，经常吠叫或过分黏人，在被拒绝后可能产生
攻击性行为；训练得当则文雅、听话，不无故吠
叫，因其本性并不喜叫。平均寿命为12~15岁。

养护要点 ❶ 布鲁塞尔格里芬犬需出门散步每次
10~15分钟，气温过高时避免出门或选择凉爽处，
带上充足的水。❷每日为其梳理被毛，定期清理，防
止毛发打结、滋生细菌。❸每天为其准备150~200克
熟肉类和干素料或饼干混合喂食。❹此犬贪食，喂
食要设定时间，10~15分钟，无论是否吃完，到时
间一定要立刻将食盆收走。❺常见疾病有呼吸道疾病
和唇腭口盖裂，在养护过程中需多加关注。

狗狗档案

别名：布鲁塞尔粗毛犬

黏人程度	★★★★★
生人友善	★★☆☆☆
小孩友善	★★⯪☆☆
动物友善	★★★☆☆
喜叫程度	★★★★☆
运动量	★★☆☆☆
可训练性	★★★☆☆
御寒能力	★★★☆☆
耐热能力	★★☆☆☆
掉毛情况	★★★⯪☆
城市适应性	★★★★☆

品种标准

FCI AKC ANKC

CKC KC(UK) NZKC UKC

…部表情非常人性化，
…颈突出，耳朵自然
…下，像是一个傲慢的
…老头，有童心、不服
…令人忍不住想要摸
…它的头

体型：小型 | 体重：3~5千克 | 毛色：红色、红棕色、黑色、黑色和红色混合、黑色和棕褐色

名犬档案

从多个维度提供犬种心情、养护信息概览，方便你对照判断自己是否适合饲养

养护要点

介绍犬种需要的照料和个性化的特殊养护需求

品种标准

介绍犬种所获的认证

图片展示

展示犬种的自然生活照，讲解其形态或习性特点

体型、体重与毛色

概要信息

警告 本书介绍犬种知识，请对犬毛敏感者慎养，另不要让宠物与婴幼儿独处。

目录

PART 1

玩赏犬

PART 2

牧羊犬

◂ 澳洲牧牛犬

喜乐蒂牧羊犬 ▸

PART 3 工作犬

圣伯纳犬

PART 4 狩猎犬

比格犬

PART 5 运动犬

◀ 金毛寻回犬

爱尔兰塞特犬 ▲

PART 6 非运动犬

◀ 日本柴犬

英国可卡犬 ▼

PART 7

梗犬

◀ 边境梗

西里汉梗 ▶

索引

参考文献

万能梗

认识家犬

脊索动物门哺乳纲食肉目犬科动物，俗称“狗”，分布于世界各地，是饲养率最高的宠物，寿命约十多年。

躯干

大小因品种而异，大似小牛，小可为“袖犬”；包括颈部、胸部、腰腹部和尾部；前高后低，利于前肢运动

尾巴

脊椎的延伸，有一套肌肉，更灵活，具有调整平衡的功能，便于家犬跑步、跳跃和转弯，以及游泳时当作舵；亦是犬种的特征标志，有卷尾、鼠尾、钩状尾、直立尾、旗状尾、丛状尾和镰状尾等

阿根廷杜高犬

耳朵

重要的听觉器官，有直立耳、半直立耳、垂耳、蝙蝠耳、纽扣耳、蔷薇耳、断形耳，宜定期洗，检查耳部健康并清除耳垢

日本柴犬

被毛

由绒毛和长毛组成，遍布全身；鼻端、趾枕、乳头皮肤上无毛；短毛狗有稀疏、柔软或呈线条状的短毛沿颈上部和背部分布

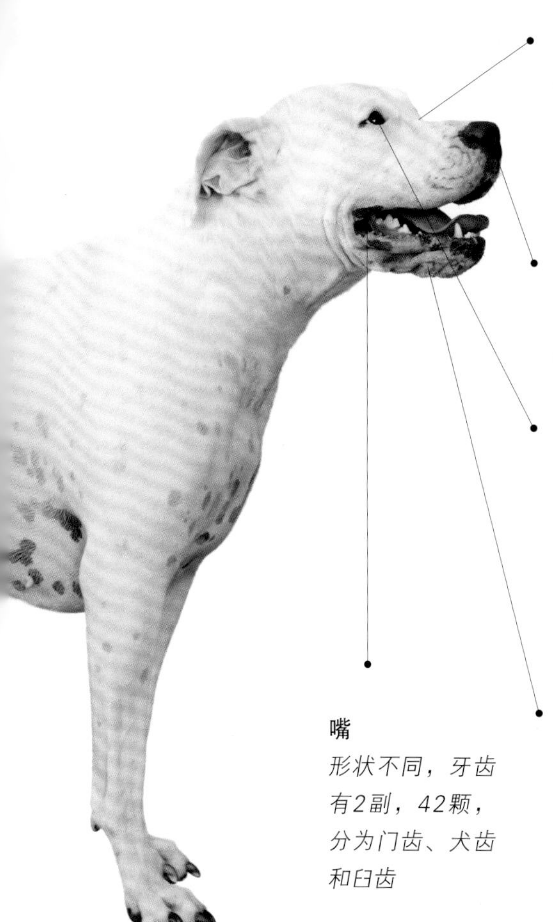

头部

呈现品种特征，有长头型、断头型、中头型；额部较短；颅内有发达的脑；颜面部长，向前突出口鼻

鼻子

约占颜面的2/3，嗅觉神经发达，鼻腔很长

眼睛

视力较弱，每只眼具有单独的视野，对移动的物体感觉灵敏，对颜色无法分辨可谓色盲，夜视能力强

嘴

形状不同，牙齿有2副，42颗，分为门齿、犬齿和臼齿

胡须

口鼻两侧有较长的毛，具有触觉器官的功能，能根据刺激部位和性质不同产生相应的反应

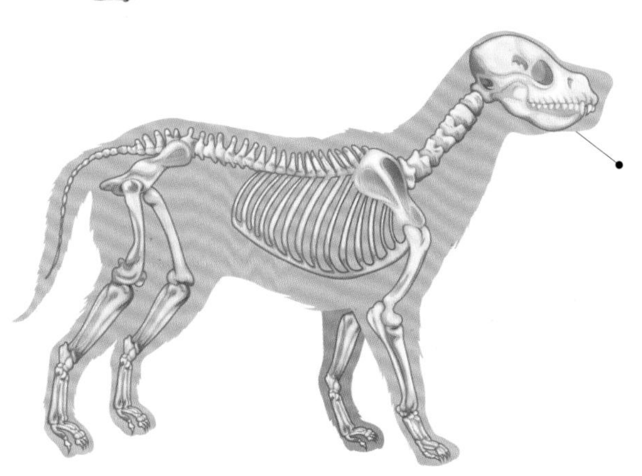

解剖构造

外形由头、躯干、四肢、尾巴等组成，体格差异巨大，解剖构造相同，有225~230块骨头，构成坚固支撑系统，保护内脏器官

感官与习性

听觉

犬刚出生时对声音没有反应，2~3周后逐渐听见声音。成年犬的听觉比人的灵敏十数倍，立耳犬比垂耳犬的听觉又更灵敏。犬可以分辨出高频率和极低分贝的声音，可迅速锁定声源，并善于听懂主人的口令和简单语言。犬睡觉时耳朵贴于地面可以听到直径4千米以内的声音。

德国短毛波音达

鼻头灵敏，具有极强的嗅觉能力和高度智慧

嗅觉

犬用鼻子了解世界，以线条、气流、螺旋方式将世界理解成气味大家庭，其嗅觉灵敏度高，哪怕眼盲也可以利用鼻子正常生活。犬对气味极为敏感，善于辨别气味——可辨别约200万种不同气味，并能够从许多混杂气味中嗅出它所寻找的那种。

奔跑速度不是最快的，但持久力强，嗅觉能力更是一流，很少做出错误指示，是天生的猎犬

戈登塞特犬

犬的嗅黏膜内有大约2亿个嗅细胞，身体健康时鼻镜始终湿润，吸附空气中的悬浮气味，将其结合在感觉乳头上，能嗅出400~500米远的人气味，能在一大堆石头中辨别出一块被人手握过2秒钟的石头，能精确地嗅出动物血液的气味，因此可根据嗅觉信息识别主人、辨别路途、方位、猎物和食物等，并进行缉毒破案，千里追踪疑犯或狩猎野兽。

东非猎犬

波士顿梗

味觉

犬的味觉器官位于舌上，但很迟钝，明显不如嗅觉灵敏，总是吃一些闻起来很好闻但不怎么好吃的东西。犬吃东西时很少咀嚼，几乎是吞食。因此，犬不是通过细嚼慢咽来品尝食物味道的，而主要是靠嗅觉和味觉的双重作用。

法老王猎犬

视觉

犬的视力中等，眼球水晶体比较大，无法调节远近感，所视范围有限，但对移动的物体具有较强的侦视能力。光线暗淡时，犬的视力比较好，因为其角膜较大，容许较多的光线进入眼内，利于在暗处捕猎；但在无光线的黑暗之中，犬也无法看见。犬无法像人一样分辨各种色彩，但能够分辨深浅不同的蓝、靛和紫色，不过对于光谱中的红、绿等高彩度色彩却没有感受力。因此，绿色草坪在犬看来是一片白色草地。

日本柴犬

腊肠犬

进食

成年犬进食时用舌头舔，然后咀嚼，咬，幼犬用吸和舔来进食。成犬每天进食2次，幼犬3~4次，每餐间隔不宜过短或过长，每次进食不超过十分钟。爱啃骨头，可以洁牙，促进大便成型。

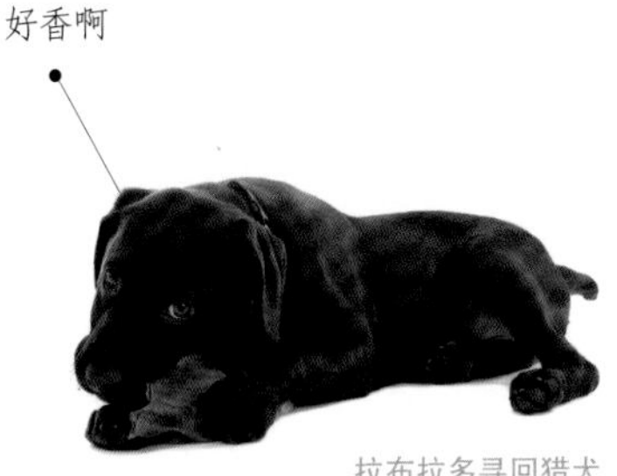

拉布拉多寻回猎犬

斗牛獒

睡觉

幼犬和老犬睡眠时间较长，壮年犬睡眠较少。卧下前总在周围转一转，确定无危险后才会安心睡觉。多处于浅睡状态，即使睡觉时也可以保持高度警觉性，因而可看家护院。

犬喜欢打滚，可能是遗传下来的习惯，目的是遮掩身上的气味，让自己更安全

比熊犬

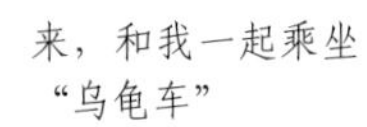

威尔士柯基犬-彭布洛克

猎狐梗

玩耍

犬无论身材大小，都需要一定的运动量，要选比较宽敞、安全的地方让狗狗玩耍。一些犬种有较强的攻击性，很霸道，在玩耍时不要再增加它们的攻击性。

牛头梗

交友

犬是世界上最善于交友的动物之一，可以和猪、鸡、鸭、羊、牛等农场动物友善共处，扮演警卫，还可以跟其他犬结群玩耍，但对于陌生人怀有警惕，常以吠声相待，但熟识之后会结成朋友，跟前跟后。

捕猎

有些犬种是天生的捕猎者，如狩猎犬，是世界上速度最快的犬类，时速可达64千米。其他犬种，若具备灵活的动作和优异的嗅觉，也具备狩猎的潜质。

主人，我站起来的样子更酷吧

凯利蓝梗

训练

许多犬种非常善于接受训练，可精确执行主人发出的简单口令，不仅给生活增加乐趣，甚至被训练成导盲犬、工作犬。

我是游泳健将，捡个瓶子轻而易举

黑俄罗斯梗

科学配种繁殖

初情期：一般小型犬初情期来得早，例如比格犬初情期为6~7月龄；大型犬初情期来得晚，例如德国牧羊犬初情期在8~10月龄。

繁殖季节：犬有季节性繁殖的特点。一般情况下，母犬一年发情两次，每次间隔6个月左右。单养犬多数在春（3~5月）秋（9~11月）两季发情，群养犬在四季各阶段都有发情。老龄犬身体代谢机能下降，发情周期出现紊乱。

交配：犬性成熟后并不意味着就可以交配产子，因为此时雌犬的身体各器官尚未发育完全，最佳初配年龄是：中小型犬15个月（第二次发情），大型犬26个月（第三次发情）。如果不是用来繁育的狗，建议绝育，以避免不需要的繁殖，使宠物犬的脾气更为温驯、容易饲养，也利于其健康。

繁殖次数：交配后59~62天分娩。一只雌狗一年能产两次，一次能产2~15只幼仔。

孕期管理：增加每天的喂食次数，最好用孕犬专用狗粮，并在兽医指导下补充维生素及微量元素。提供充足干净的饮水、一个安静舒适的环境；每天多带雌犬出去排便几次。 给予它更多关注，加强与它的感情沟通。定期到医院进行产前检查，并在产前三周左右准备好产仔箱。

有些孕犬在生产前一个月就已奶水充足，有的则要到产后一天左右才有奶水，在此期间只能人工喂养幼犬

维兹拉犬

仔犬养护

吮吸初乳：初乳含有初生仔犬所需的抗体、抗氧化物质、酶及激素等，又有轻泻作用，促进胎便排出。应尽早、尽快引导仔犬吃到初乳。母犬在分娩中消耗大量体力，身体虚弱，第一天最好是人工辅助哺乳。可把长毛犬乳腺周围的毛修剪掉，方便仔犬找到乳头。

仔犬发育：通常2~3天脐带脱落，11~13天眼睛睁开，20~22天开始站立学步，开始长乳牙。

断奶喂食：母乳不足时可以速找“奶妈”或者进行人工授乳、喂食人用米粉。吃奶4周后与母犬一起采食，为安全断奶奠定基础。60天后幼犬一日四餐（早、午、晚及睡前），3~6月为一日三餐，6月以上至成犬一日两餐。

清洁与防疫：仔犬初生30天进行第1次粪检和驱虫，以后每月定期抽检和驱虫1次；严格执行卫生消毒制度，注意饲料、饮水安全；断奶后马上注射疫苗，第1次接种时间为6~8周龄，间隔2~3个星期进行第2次接种，再间隔2~3个星期进行第3次接种。

要保证犬舍温度适宜，防止因母犬踩踏、挤压及仔犬相互拥挤造成意外伤亡

澳洲牧羊犬

换牙期的幼犬喜欢到处乱咬，建议提供狗咬胶，既能磨牙又能补钙

仔犬吃奶不固定乳头，会导致强夺弱食，发育不均，死亡率高。为提高成活率，必须固定乳头，需帮助吃不上母乳或瘦弱的仔犬找到乳量较多的乳头吸吮

沙皮犬

选犬

犬是理想的伴侣动物，但在选择并考虑使它成为家庭成员时，需要考虑具体犬种的性情和习性与家庭成员的生活习惯是否相符。

有小孩的家庭：要选择不好斗、极有耐心、喜欢孩子的犬种，基本不会被激怒，也不闹腾，不会吓或伤害小孩。狮子犬是不错的选择。

有老人的家庭：选择性格随和、爱亲近人、善解人意的犬，会给主人带来无穷乐趣，消除寂寞感。吉娃娃、博美、蝴蝶犬、约克夏等是不错的选择。

年轻女主人：适合饲养玩偶类犬种，如贵宾犬、泰迪犬，它们给人华丽、高贵的感觉，衬托气场。

繁忙男主人：适合养体毛适中或较短，不需要经常为其梳理毛发，并且情感上独立不太黏人的犬种。

牛头梗

迷你牛头梗

牛头梗热爱主人和家庭，渴望陪伴与关爱，也很固执、以自我为中心、支配意识强，有时略显粗野，破坏力大，有很强攻击性，主人必须有耐心、决心和坚强的意志，以与其一起生活

斗牛犬尤其是法国斗牛犬性格温顺，善良活泼，非常黏人，适合陪伴小孩和老人

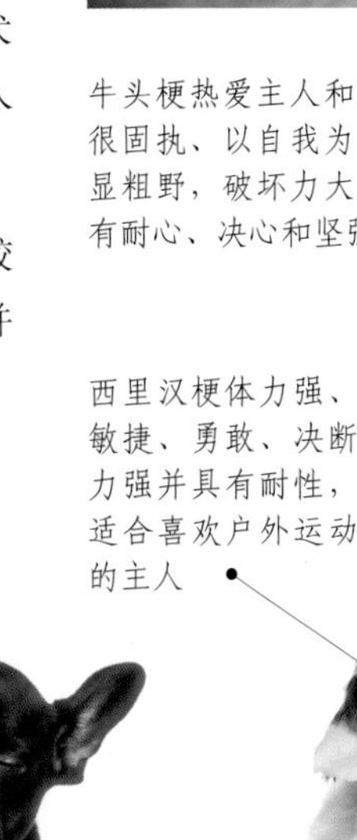

斗牛犬

西里汉梗体力强、敏捷、勇敢、决断力强并具有耐性，适合喜欢户外运动的主人

西里汉梗

选犬要点

◎ **神态和行为** 仔犬整洁、精神好，步态轻快

◎ **身体和五官** 体况适中，不胖不瘦；耳朵没有伤口或缺口，对声音敏感，耳道干净无分泌物，内部粉红色；鼻尖和鼻孔周围湿润、凉润；肛门及外阴干净，没有红肿和炎症；没有三瓣嘴，舌头和牙龈粉红色；不咳嗽、不打喷嚏、不流口水，无口臭；叫声洪亮

◎ **毛皮和骨骼** 毛色油亮，柔软不打结，干净无秃斑；皮肤有弹性，无寄生虫或皮肤病；头骨无变形；脊椎不弯曲；四肢笔直强壮；脚部无红肿

◎ **情绪和食欲** 情绪稳定，活泼开朗；食欲旺盛

◎ **下腹部** 肚脐周围、后腹部无明显凸起；尾部下方无粪迹

指示犬

品种标准

FCI	The Federation Cynologique Internationale
AKC	American Kennel Club
ANKC	The Australian National Kennel Council
CKC	Continental Kennel Club
KC(UK)	The Kennel Club
NZKC	New Zealand Kennel Club
UKC	United Kennel Club

世界犬种智商排行

No.1	Border Collie（边境牧羊犬）
No.2	Poodle（贵宾犬）
No.3	German Shepherd（德国牧羊犬）
No.4	Golden Retriever（金毛寻回犬)
No.5	Doberman Pinscher（杜宾犬）
No.6	Shetland Sheepdog（喜乐蒂牧羊犬）
No.7	Labrador Retriever（拉布拉多猎犬）
No.8	Papilion（蝴蝶犬）
No.9	Rottweiler（罗威纳犬）
No.10	Australian Cattle Dog（澳大利亚牧牛犬）

说明：加拿大不列颠哥伦比亚大学心理学教授Stanley Coren结合208位各地育犬专家、63名小型动物兽医师和14名研究警卫犬与护卫犬的专家对各种名犬种进行的深入观察与研究，并对犬只的工作服从性和智商进行的排名。

室内安家

犬窝：犬没有固定住所，会显得心神不安。可在走廊一隅或某固定地点，替玩赏犬或小型犬准备一张卧床，还可使用箱式狗舍；将床式与箱式合并使用将会更有利。外出旅游时可携带饲犬专用竹笼，以轻巧、通风、便于携带为要。

可用小型洗衣篮、木箱加以改造，亦可用饲养犬专用竹笼

意大利灵缇犬

犬便盆：购买专用犬便盆，尺寸要能让狗狗在上面打转；随时保持便盆净洁，清洗时不能只换尿垫，连便盆都要清洗。

主人可将凯安梗牵至狗舍门口，推其进去，并发出“回家”口令，久而久之，它会乖乖听话

凯安梗

犬玩具：棉绳玩具适用于换牙期的犬；主人可以捏发声玩具吸引犬；毛绒玩具采用柔软舒适的布料，犬叼起来口感比较舒服；投掷玩具以球形类玩具为主；抛掷玩具一般以飞盘为主；填充玩具一般以橡胶为原材料；益智玩具可以锻炼犬的思考能力。

室外安家

犬养在室外，可以多晒晒太阳，吸收足够的阳光，利于保持一定的运动量，增强抵抗力。可以在室外建造独间犬舍，或者在室外用移动式犬舍，根据四季气候变化而移动位置。不论哪种犬舍，都要通风，采光理想，并且便于清扫。

贝吉生犬源于非洲古埃及时代，后被驯养作狩猎犬，适合在室外安家

犬粮提供

犬粮选择：不同体型、生理阶段的犬，对能量、蛋白质、脂肪的需求不一，因此要了解自家狗狗的品种、体型、生理阶段，即是小型、中型、大型还是巨型犬，处于幼犬还是成犬阶段。

犬要啃骨头：啃咬骨头可清除犬的牙石，防止牙周病，也可以训练犬口部的咬合力，并有助于吸收足够的钙质。

注意事项：喂食狗粮要定时、定点、定量，久而久之，狗狗就形成固定的生活习惯，口腔内适时分泌出唾液，胃里适时分泌消化酶，促进消化与吸收。

禁忌：狗粮的温度过高会造成犬的口腔烫伤，过低会引起胃肠疾病。食物温度高出犬的体温1~2℃最佳，控制在40℃左右；冰箱里的狗粮容易引起犬的腹泻。饮水要选择40℃左右的温水，不要选择凉水。

清洁卫生

刷毛：首先刷脖颈，然后刷身体、腹部下面，直到尾巴。用梳子轻轻地刷犬的毛发并抚顺。短毛犬用马梳或手套刷毛即可，中长毛犬和长毛犬需要刮刀、美容刷、扒梳等特殊工具。

修剪指甲：一周一次或一月一次。用狗指甲钳，修剪量要非常小。

洗澡：把犬放到浴缸里，彻底打湿，从颈部向下清洗，将头部留在最后洗，不要在耳朵和眼周使用肥皂，也要小心鼻子和嘴巴周围。最后要彻底冲洗干净。

幼犬需要吃泡开的、温度在30℃的狗粮

拉萨犬

啃骨头可以锻炼我的咬合力，捕猎时更凶猛

巴吉度猎犬

我的一身卷毛不容易打理，需要经常梳毛，以保持优雅仪态

骑士查理王猎犬

爱尔兰塞特犬

玩耍与陪伴

爱抚时光：宠物犬需要多多关心，可以抚摸爱犬的头，抚摸或轻挠爱犬的胸部，用手指轻挠爱犬的下巴颏或轻挠爱犬的耳后根。

犬的地盘：在家中开辟一块犬的地盘，放上它的各种生活用品和游乐设施，将给宠物犬带来很多快乐，而且还可以避免它在家中四处“造反”，到处弄得一团糟。

室外活动：多数犬并不喜欢一直待在室内，它喜欢外部风景和新鲜的空气。当主人有时间时，也可以带犬到安全的外部环境，如花园、操场、公园等地，让它痛快地大玩一场。犬应该知道的命令包括“坐”“停留”“下”“来”和“离开它”。对于不常外出的宠物犬，要采取措施防止其走失。

时下最流行的户外活动之一，即带着自家的狗狗去露营；出行前应该给犬准备必需品，包括食物、水碗、犬急救箱、基本美容工具、便便包、皮带和带有识别标签的衣领以及犬床上用品等

一只带着宽边眼镜、研究历史典籍、状若沉思的威玛“博士犬”

威玛猎犬

防疫与疾病治疗

注射疫苗：养犬法规规定犬只必须接种狂犬疫苗，此外六联疫苗也很重要。健康幼犬50天以后可以打六联疫苗第一针，然后每隔20天注射下一针，一共3针，以后每年注射一针。幼犬3个月以后就应该注射狂犬疫苗，以后每年注射一针。

实施绝育手术：绝育即将公犬的睾丸或母犬的卵巢摘除的一种手术。如果不想繁育狗仔，最好对宠物犬实行绝育，可以使犬更健康，寿命延长，也会使犬性格更温顺，避免到处游荡、不安狂叫等。绝育手术应在非发情期实施。

定期体检：1岁龄以下幼年犬应进行常规检查、全血细胞计数CBC、传染病的快速测试、粪便检查和X光检查等；成年犬应进行常规、血液、粪便、X光、超声及尿液检查等；老龄犬应每半年进行一次体检。

疾病治疗：饲养管理方法不当、疫苗接种率不高等容易使犬生病，应送宠物医院并遵医嘱。

体外和体内驱虫是饲养宠物犬必做的工作

中国冠毛犬

西部高地白梗

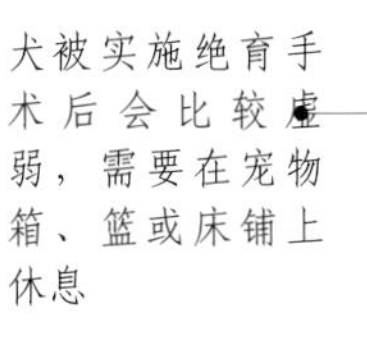

犬被实施绝育手术后会比较虚弱，需要在宠物箱、篮或床铺上休息

贝吉生犬

中国冠毛犬

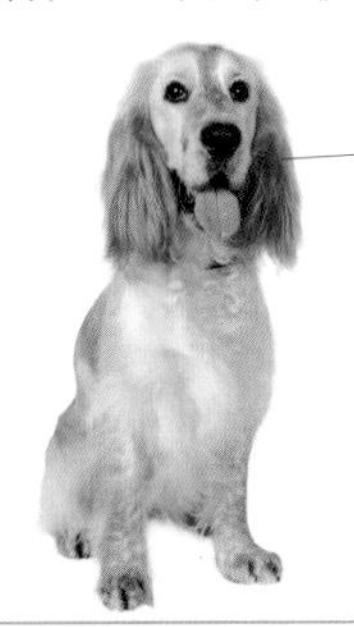

犬常见病有犬瘟热、犬细小病毒病、犬传染性肝炎、狂犬病、结核病、破伤风等。尤其是犬瘟热，在幼犬阶段死亡率可达80%~90%，导致部分犬眼睛损伤甚至失明，并可继发肺炎、肠炎、肠套迭等症状，一定要及时送诊，并迅速将病犬严格隔离，对病舍及环境进行彻底消毒

英国可卡犬

PART 1

036~075页

玩赏犬

吉娃娃犬 Chihuahua

性情：聪明、忠诚、动作敏捷，意志坚强，警惕性高
养护：容易

吉娃娃是世界上最小型的犬，大耳朵，大眼睛，精灵可爱。19世纪时，墨西哥人率先培养出吉娃娃犬；1923年，美国有了首家吉娃娃犬俱乐部；1949年，英国也成立了吉娃娃犬俱乐部。现在，它征服了许多爱犬人士的心，是美国人最喜欢的十二大犬种之一。

形态 吉娃娃犬体型小，身体呈长方形，雄犬稍短。头部圆形，似苹果。眼睛大且明亮。耳朵大，警惕时直立，休息时呈45度角分开。口吻短，稍尖。颈部微具弧度。背线水平，身体结实有力，四肢灵巧，肌肉强健。足纤细，脚趾分开，脚垫厚实。被毛分长毛型和短毛型，毛色多种，质地柔软、密实、光滑。尾巴呈镰刀状，举起或卷在背上，长短适中。

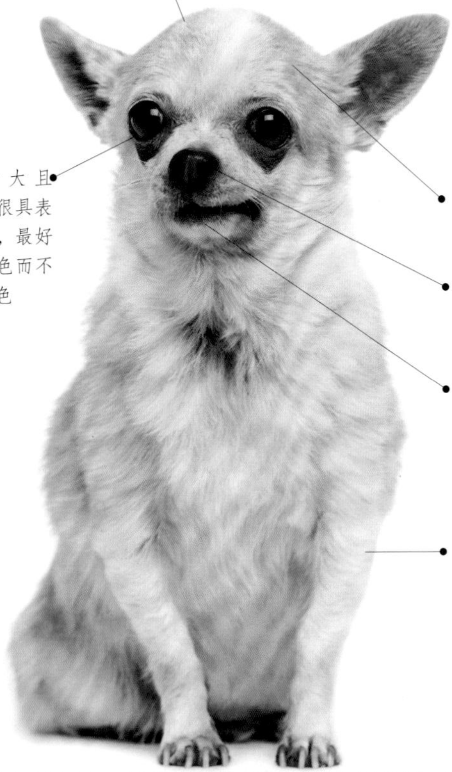

拥有很圆的苹果头是我的一大特色

眼睛大且圆，很具表现力，最好为暗色而不是浅色

传统纯正的吉娃娃头顶有一个指尖大小的凹洞，这是人们用来区分吉娃娃是否纯正的一重要标准

鼻子短，略向前指，可以是任何颜色

口吻常见黑色、巧克力色和蓝色

根据被毛长短分为短毛型和长毛型——短毛型被毛质地极其柔软、紧密和光滑；长毛型被毛质地柔软、平整或略曲，体表毛长但不拖地

原产国：墨西哥 | 血统：墨西哥游牧民族圣犬“Techichi” | 起源时间：19世纪

习性 吉娃娃优雅、警惕、黏人、意志坚强、精力充沛、动作迅速，而且十分勇敢，无胆怯之心，能够在大犬面前自卫。它对主人有极强的独占心，喜欢被人关爱，有些嫉妒心理。城市适应性良好，每天都能够待在家里陪伴主人。喜叫程度中等偏上，但不会无故吵闹。怕冷，也不耐热。平均寿命为13～14岁。

养护要点 ❶ 吉娃娃犬不宜在户外饲养，因为太热或太冷它都容易生病；冬天外出需加外衣御寒，以免它患肺炎和风湿性关节炎。❷ 注意过量、过油、过冷的食物容易使它腹泻；它喝水较少，但万万不能断水。❸ 生物钟很强，晚上会困倦，平时有睡午觉的习惯。❹ 运动量不多，不用经常带它出去玩，天气好时出去散散步，享受一下日光浴，晒晒太阳。

狗狗档案

别名：齐花花

黏人程度	★★☆☆☆
生人友善	★☆☆☆☆
小孩友善	★☆☆☆☆
动物友善	★★☆☆☆
喜叫程度	★★★★½
运动量	★☆☆☆☆
可训练性	★★☆☆☆
御寒能力	★★½☆☆
耐热能力	★★★½☆
掉毛情况	★★★☆☆
城市适应性	★★★★★

品种标准

FCI AKC ANKC

CKC KC(UK) NZKC UKC

我是非常受欢迎的宠物狗之一，身体娇小，对生活环境空间没过高要求，而且生活中饮食量不多，运动量也不多
我外表很可爱，实际上颇有主见且自负
我是迷人的“表情帝”
当我放松的时候，耳朵就会自然地分开，否则会警觉直立
我的体重最好不要超过2.7千克，超过即为不合格；短尾或断尾亦不合格

体型：15~23厘米 | 体重：1.8~2.7千克 | 毛色：几乎任何颜色、斑块或斑点都可接受

中国冠毛犬 Chinese crested dog

性情： *友善、无体味、不爱叫、不掉毛*

养护： *中等难度*

中国冠毛犬的头顶长了一撮长毛，很像清朝官员的帽子，可爱且易引人发笑。其来源说法不一。美洲学者认为1580～1600年，它由中国传入美洲；据说非洲裸犬、土耳其无毛犬都可能是其祖先；还有人认为数世纪前，此类犬与中国航海家、水手们在远洋航行中乘风破浪，当停靠沿途港口码头时，通过商人们的交易得以传播。这就是为什么要寻找这种稀有犬的踪迹，把主要目标锁定在世界一些古老的港口城市往往有收获的原因。

形态 中国冠毛犬体型纤巧、文雅，姿态优美，身材匀称苗条。身高23~33厘米，体重2~5.5千克。头部楔形，从两耳间到后脑略呈拱形，两耳竖直、硕大。眼睛杏仁状，眼间距较宽，颜色与鼻子颜色和毛色一致，浅色犬偏浅，深色犬偏深。嘴唇干净、整齐；颈部倾斜，干净利落；肩部呈弓形，背部线条流畅优美，略向肩部倾斜，肋骨发育良好，腰部纤细。四肢纤细修长；足部呈兔形，窄且脚趾细长；尾巴细长。

走路时尾巴会翻卷于背或欢快地摇摆，步态活泼轻快，步伐优雅流畅，喜欢沿直线小跑前进
最引人注目的莫过于头顶的一撮长毛

原产国：中国 | 血统：源于中国稀有犬种，有争议 | 起源时间：认为1580~1600年

习性 中国冠毛犬活泼开朗，喜爱玩耍，快乐、机警勇敢同时性情温顺、友善，平日里较安静，不爱叫。对主人感情极深，比较黏人，爱向主人展示自己的才能。爱干净，无体味，身上不会有跳蚤，喜欢整洁环境，独自在家时会待在自己的小领地中。平均寿命为12~15岁，1~2岁发育成熟，7岁后开始衰老，一般情况下公犬比母犬长寿，室内饲养比野生长寿。

养护要点 ❶中国冠毛犬以散步和室内运动为佳，不能超负荷。❷前臼齿发育不全，不适合啃咬骨头等较硬物件。❸皮肤大量裸露在外，没有被毛，比普通狗更容易受伤，要让它远离边角锐利的家具。❹对羊毛过敏，要尽量避免穿着带羊毛材质的衣服抱它，为它添置冬衣时注意衣物成分不含羊毛。❺皮肤与汗腺相连，用皮肤直接排汗，注意勤洗澡。❻训练时不可打骂，需耐心指导。❼常见疾病有支气管炎、犬瘟热、心丝虫病等，养护中多加关注。

狗狗档案

别名：中国无毛犬

黏人程度	★★☆☆☆
生人友善	★★★★☆
小孩友善	★★★★☆
动物友善	★★★☆☆
喜叫程度	½☆☆☆☆
运动量	★★☆☆☆
可训练性	★★☆☆☆
御寒能力	★★★★☆
耐热能力	½☆☆☆☆
掉毛情况	☆☆☆☆☆
城市适应性	★★★★☆

品种标准

FCI AKC ANKC

CKC KC(UK) NZKC UKC

中国冠毛犬分无毛型和长毛型两种，无毛型身上有毛的部位极少，头部为冠毛，尾部为尾羽，前腕和后腕处毛发柔软，其他部位均为裸露在外的皮肤，肤色会随四季变化而深浅不一，夏季肤色较淡，冬季肤色较深；长毛型的被毛则遍布全身，样貌与其他有毛犬种无二

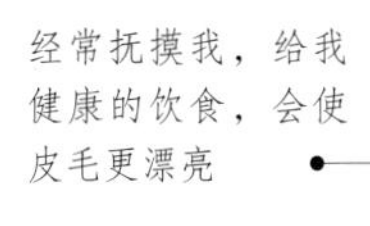
经常抚摸我，给我健康的饮食，会使皮毛更漂亮

体型：小型 | **体重：**2~5千克 | **毛色：**多种，属花色犬，常见黑底配蓝斑、粉红底色配咖啡斑

日本狆 Japanese chin

性情： *聪明伶俐、活泼机灵、举止端庄、幽默、求知欲强、非常爱表现自己*

养护： *容易养*

狆是非常古老的犬种，在古代是贵族所饲养的用来暖手的小犬，在中国古代的寺庙、陶瓷及丝织品上隐约可见其身影。这种小犬于圣武天皇天平4年传入日本，与当地犬种经多年杂交后繁育出了日本狆，深受当地贵族喜爱。1853年英国的佩里船长来到日本，将几只日本狆带回祖国并献给维多利亚皇后。日本狆也于同一时期传到美国。1977年8月1日，日本狆这个名字被正式承认。

形态 日本狆体型小巧，身高20~28厘米，体重2~5千克。头部高抬，颅骨宽大；前额饱满突出，两眼分得很开，眼球大且圆，颜色较深；前脸较短。耳根位置略低于颅骨，耳朵具有丰满厚实的被毛，鼻道短，鼻孔朝上，与眼睛在同一水平线上；上嘴唇厚实饱满，下颌突出，上下牙齿对合齐整。颈部较粗，长度中等，与肩部相连，背部水平，躯干部分呈方形，肋骨较圆，胸部宽，尾巴卷曲伸向背部，尾根较高。前肢笔直，骨骼健壮，脚尖向前或微向外，后肢发育良好，于膝关节处微曲，脚尖向前，足部呈兔足形。被毛长且直，富有弹性，较细，呈丝状。

耳朵具有丰满厚实的被毛

肩部、颈部、胸部被毛较饱满，呈领状

尾部被毛呈羽状

毛色有黑白花、红白花、黑白花带褐色斑纹，有时会带有棕色或红色的斑块

原产国：日本 | 血统：中国犬×日本当地犬类杂交品种 | 起源时间：公元732年

习性 日本狆举止端庄、活泼机灵，是理想的伴侣犬，情感纤细敏锐，爱撒娇，多愁善感，又幽默，富有表现力。它爱干净，生于宫墙内却不娇气，气候变化适应性强。家庭养护时为保证身体强健，每天宜进行半小时的锻炼。它的生活所需空间较小，适合室内饲养。生性不太合群，对主人十分热情，对陌生人冷淡，面对陌生环境或强大对手时会不安，吠叫。平均寿命为10~13岁。

养护要点 ❶日本狆需要经常梳理被毛，清洁耳部、眼部，清洁眼部时需要用硼酸水，注意不要太过用力，以免伤到狗狗的眼睛。❷眼睛大且突出，容易受伤，平时应多加小心，最好能将家具边角用软橡胶材质包起来。❸口吻和鼻道均短，到了夏天容易中暑，要准备充足且新鲜的水，做好防暑措施。❹需要一定的户外运动，但不可过量，以散步为宜。❺非常需要关爱，忙时可以将它抱起轻抚几下。❻认生，避免让它置身于生人环境，以免它激烈地吠叫。眼睛和皮肤容易染上疾病，养护中多加关注。

狗狗档案

别名：日本狮子犬

黏人程度	★★★☆☆
生人友善	★★★★☆
小孩友善	★☆☆☆☆
动物友善	★★★★☆
喜叫程度	★★☆☆☆
运动量	★☆☆☆☆
可训练性	★★★☆☆
御寒能力	★★★★☆
耐热能力	★★★½☆
掉毛情况	★★☆☆☆
城市适应性	★★★★½

品种标准

FCI AKC ANKC

CKC KC(UK) NZKC UKC

我感情比较纤细敏感，喜欢撒娇，被拒绝时会变得多愁善感

眼睛闪亮有神，面部为极人性化的惊讶表情

我身形小巧而便于携带，非常喜欢同主人一起出游，可以陪伴主人一起郊游、散步、登山

成年后脚尖处会长出装饰性被毛

体型：小型 | **体重**：2~5千克 | **毛色**：黑白花、红白花、黑白花带褐色斑纹

蝴蝶犬 Papillon

***性情：**聪明、友好、快乐、警惕、勇敢、对主人有独占欲*

***养护：**容易养*

16世纪时蝴蝶犬被称为侏儒小猎犬，活跃于意大利、西班牙、法国，是当时贵妇们的肖像画中必不可少的角色。它深受波兰皇后喜爱，还与法国皇后玛丽•安托瓦内特一起共赴刑场。尽管身处皇宫及贵族宅邸享受高质量生活，它仍可以耐住严寒酷暑，无论身处何处都会贯彻其快乐的本质，同时还是捕鼠好手。路易时代部分侏儒小猎犬的耳朵发生了变化，由下垂转向直立，两耳于头部两侧倾斜，像展翅的蝴蝶，从此便被称为蝴蝶犬。

形态 蝴蝶犬体型小巧，身高20~28厘米，极少见超过30厘米，体重2~4千克。头部较小，头顶较圆；前脸纤细，棱角分明。耳朵偏大，耳根靠后，耳尖较圆。眼睛大小适中，不突出，黑色，呈圆形。鼻子小，黑色，鼻尖较圆。嘴唇较薄，呈黑色，双唇紧闭，牙齿不外露，呈剪状咬合。颈部长度中等，肩部向后伸展，背线水平，肋骨两侧向外伸展，胸部较深，尾根位置高，尾巴较长，呈拱形。前肢直，骨骼强健，后肢较细，足部呈兔足形。被毛丰厚，富有弹性，其状如丝，向下垂。

最具有特征的要数其蝴蝶般的耳朵，给人最直观的印象是耳朵比头大

毛色有黑色和白色、褐色和白色、白色和黑色带有棕褐色斑块，眼睛上方和两耳之间通常会带有除白色外的其他颜色被毛

原产国：法国 | **血统：**据说为中国传到西班牙的猎鹬犬种或法国猫的后代 | **起源时间：**16世纪

习性 蝴蝶犬聪明活泼，机警勇敢的同时不忘撒娇，对各种环境的适应能力极强。作为优秀的伴侣犬，它将优雅气质发挥到极致，敏捷开朗，温和恬静，不无故吠叫，面对凶猛的大型犬时毫不惊慌。对主人极热情，渴望关爱，有极强的独占欲，容易萌生嫉妒心，对陌生人冷淡，不吠叫也不理睬。它运动量少，对孩童和其他动物温和友善，适合室内饲养。平均寿命为13~14岁，在国内曾有一只蝴蝶犬寿命达17岁，过度运动或饮食不规律会影响其寿命。

养护要点 ❶蝴蝶犬酷爱运动，应常带它到室外走动，增强食欲，帮助饭后消化吸收。❷适当喂它肉类食品，每天150~200克，不可过量。❸它性情贪玩，喜爱玩耍嬉戏，条件允许可以饲养两只相互作伴。基本不需要剪毛，每年3~4月是换毛期，注意经常梳理被毛。❹不过度宠爱它以免恃宠生骄，变得任性、不听话，应适当调教，赏罚分明，但不要过于严苛。❺对待它不可忽冷忽热，会让它不安甚至患上精神疾病。❻常见疾病有犬肛门囊病、慢性肾衰竭等。

狗狗档案

别名：巴比伦犬

黏人程度	★☆☆☆☆ (半星)
生人友善	★★★★☆
小孩友善	★☆☆☆☆
动物友善	★★★★☆
喜叫程度	★☆☆☆☆ (半星)
运动量	★☆☆☆☆
可训练性	★★★★★
御寒能力	★★★½☆
耐热能力	★★★½☆
掉毛情况	★☆☆☆☆ (半星)
城市适应性	★★★★★

品种标准

FCI AKC ANKC

CKC KC(UK) NZKC UKC

耳朵分直立和下垂两种，下垂耳与直立耳形状相同，方向下垂

我由于从祖先身上遗传下来的觅食习惯，有时会啃咬鞋子、家具，翻找承装物品的容器

体型：小型 | **体重：**2~4千克 | **毛色：**黑色和白色、褐色和白色、白色和黑色带有棕褐色斑块

北京犬 Pekingese

性情：气质高贵、聪慧、机灵、大胆、倔强、性情温顺、对主人有深厚的感情
养护：容易养

北京犬最早的记载是从唐朝开始，最古老的北京犬只允许皇族饲养，在当时偷盗或私自饲养是死罪。北京犬还有另外三个名字，因其外形似一头小狮子，而得名狮子犬；因其毛色似朝阳而得名太阳犬；因其体型小巧可纳入袖中而得名袖犬。1860年，八国联军入侵，北京犬被带出宫门。英国人将5种不同毛色的北京犬带回英国，将其中浅黄褐色和白色犬献给维多利亚女王。1893年，北京犬在英国展出，自此才逐渐步入世人眼中。

我性格率直独立，自尊心强，样貌憨态可掬，体态匀称，肌肉强健，一眼看过去像是一头小狮子，具有典型的中国犬特征，长着一张呆萌的大饼脸，鼻孔向上，位于两眼之间，所有五官基本都在同一平面上，颈部短到很容易让人产生没有脖子的错觉

形态 北京犬身体结构紧凑，身高15~23厘米，体重3~6千克，6千克以下为理想体重。头部呈长方形，额骨宽大，头顶平坦；眼睛大且突出，黝黑有神；鼻子呈黑色，较宽，鼻道短；下巴向后倾斜。颈部粗短，背部水平，肋骨和胸部较宽，躯干呈梨形，腰部相对胸部而言较细，尾巴向上弯曲，紧贴背部。前躯短粗，骨骼强健，脚掌宽平厚实，脚趾分开，向外舒展，后躯较轻，骨骼不如前躯强健，膝关节微曲。被毛分两层，内层厚实柔软，外层较粗，长且直。

颈部和肩部皆有鬃毛，身体其他部位的被毛稍短些，在耳部、尾部、大腿、前肢和足部长有羽状毛。整个后躯一般会隐藏在长而直的被毛下

毛色多样，有时带有斑块

原产国：中国 | **血统：**东方古老犬种 | **起源时间：**4000年前

习性 北京犬在主人面前经常撒娇，对嬉戏玩耍十分执着。清爽通风、干净整洁的生活环境会使它的心情变好。它对运动的需求量不大，在室内外散步足矣，非常适合室内饲养。它面对大型犬时临危不惧，不逃走、不攻击，也不吠叫不止，而是镇定自若，气质优雅。它对寒冷的适应性一般，对炎热的适应性较差。平均寿命为12~13岁。

养护要点 ❶北京犬的被毛较长厚，需要每天梳理1次，每周洗1~2次澡，防止滋生细菌。每天早晚带它出去散步，每次30分钟。❷定期为它清洁牙齿，以免过早脱落。❸气温过高容易使它呼吸困难，要注意防暑，天气炎热时让它待在凉爽舒适通风处。❹眼睛较大，容易受伤或感染细菌导致眼膜炎，需要每隔一天用2%的硼酸水清洗一次。❺常见疾病有倒睫、结膜炎、短头颈综合征等，养护中要特别注意它的眼睛、牙齿和体温。

狗狗档案

别名：京巴狗

项目	评级
黏人程度	★★★★★
生人友善	★☆☆☆☆
小孩友善	★★★☆☆
动物友善	★★★☆☆
喜叫程度	★★★☆☆
运动量	★★★★☆
可训练性	★★☆☆☆
御寒能力	★★★★☆
耐热能力	★☆☆☆☆
掉毛情况	★★★☆☆
城市适应性	★★★★☆

品种标准

FCI AKC CKC

KC(UK) NZKC UKC

我只对赢得我信赖和尊敬的人展现出温和顺从的一面
我本性高傲倔强，非常自信，独立意识强，是极少数会挑剔主人的犬
我受到主人冷落或心情不好时会高声吠叫发泄

体型：小型 | 体重：3~6千克 | 毛色：毛色多样，有时带有斑块

博美犬 Pomeranian

性情： *温顺、积极、友善、开朗、有个性、活力充沛*
养护： *中等难度*

博美犬是波美拉尼亚丝毛梗犬家族的一员，起源于生活在冰岛和拉普兰岛的雪橇犬。它因小巧给人以步态轻快、充满活力的印象。它现在的体型是在繁衍中逐渐变小而得来的。19世纪中期于英国展出时，博美犬的体重还是14千克，被当作称职的牧羊犬驯养。1888年，维多利亚女王喜欢上一只名叫“马可”的博美犬，因女王极强的号召力，它从此深受世人喜爱。为迎合女王喜欢小型博美犬的喜好，自此推动了博美犬的小型化。

形态 博美犬体型小，身高22~28厘米，体重2~3千克，理想体重约2千克，体长稍短于身高。头部比例协调，额头短直、纤细；耳朵直立小巧，位置较高。面部呈楔形，眼睛呈杏仁状，乌黑闪亮，大小中等。头部高抬，颈部与背部较短，与肩相连，背线水平，尾巴垂直或平摊在背上。肩部与前肢肌肉强健，前肢垂直于地，后躯肌肉丰满，膝关节微曲，脚呈拱形。被毛为两层，下层柔软厚实，外层硬直，较长，质地粗糙。

乍一看像只小狐狸，身体结构紧凑，活泼好动，步伐轻快，充满活力，脸上时常挂着忠诚憨厚的微笑，看起来十分友善

部分犬眼睛、鼻子的颜色会随被毛的颜色而定，如棕色、蓝色和海狸色，其余毛色眼鼻均为黑色

肩部、颈部、胸部、四肢长有装饰性羽状毛，面部被毛较短

原产国： 冰岛 | **血统：** 波美拉尼亚丝毛梗犬 | **起源时间：** 19世纪

习性 博美犬是优秀的伴侣犬，性格外向，温顺且活泼，积极、精力充沛、爱玩耍。公犬偶尔流露出凶狠霸气，母犬气质温和甜美，优雅从容。活泼好动的性格和对运动的需求使它喜欢每日到户外散步。它适合室内饲养，智商较高，容易训练，停止训练后易表现出自负。撒娇被拒或心情不好时会高声吠叫，见到生人或大型犬时也高声吠叫，叫声尖锐高亢。平均寿命为12~15岁。

养护要点 ❶博美犬的被毛丰厚，共有两层，需要细心护理，应每天为其梳理被毛，每周洗1~2次澡，保持干净清爽，避免细菌滋生。❷每年会脱毛，不需要经常修剪被毛。❸每周清洁一次耳朵，它的耳道比较脆弱，容易患病，清理工具可以选用棉签，清理时需注意力道。❹定期修剪指甲，当指甲长度超过脚掌时就需要修剪，小心不要剪到皮肉。❺每天带它出门散步。它容易“恃宠而骄”，不可过分溺爱，应适当地训练调教。❻常见疾病有干眼病、过敏性皮肤病、气管萎陷、水脑症等，养护中多加关注。

狗狗档案

别名：松鼠犬

黏人程度	★★★☆☆
生人友善	★★☆☆☆
小孩友善	★☆☆☆☆
动物友善	★★★☆☆
喜叫程度	★★★☆☆
运动量	★★☆☆☆
可训练性	★★★☆☆
御寒能力	★★★★★
耐热能力	★★½☆☆
掉毛情况	★★★½☆
城市适应性	★★★½☆

品种标准

FCI AKC ANKC

CKC KC(UK) NZKC UKC

我的性格有些古怪，喜叫，因得到主人的关爱而获得安全感，沾沾自喜的同时，自负心态也在慢慢滋生

毛色有白色、偏黄奶油色、花色、黑色、红色、棕色、橘黄、蓝色、海狸色等，也可是以上颜色混杂

体型：小型 | **体重**：2~3千克 | **毛色**：白色、奶油色、花色、黑色、红色、棕色、橘黄、蓝色、海狸色

贵宾犬 Poodle

***性情：** 聪明、活泼、忠诚、性情温顺、对人亲近友善*

***养护：** 容易养*

贵宾犬是少数能赢得许多国家高度青睐的犬种，起源于德国，以涉水或水中捕猎而闻名。贵宾犬的名字“Poodle”来源于德语的“Podle”或“Podelin”，意为涉水。早期为了便于在水中狩猎，人们会剪去贵宾犬的一部分被毛，久而久之便成了习惯。

贵宾犬分大型、标准、小型三种，大型贵宾犬用于水中狩猎，标准型贵宾犬最为古老，小型贵宾犬最受欢迎。18世纪小型贵宾犬传入英、法等国，在这之前，约15、16世纪时，玩赏用的小犬就已经有了很高的知名度。

形态 贵宾犬呈长方形，身形匀称。体型分大、中、小三种，标准型贵妇犬身高普遍在38厘米以上，体重20~23千克。头骨微圆，耳朵下垂，与眼睛在同一水平线上，眼睛呈椭圆形，深色，眼间距较大。鼻子呈楔形，长且直。唇部水平，上下颌棱角分明。颈部发育均匀，长度可使头部高举，肩部肌肉丰满，背线水平，胸部较深，宽度适中，肋骨两边向外扩张，腰部较宽、短，尾根较高，尾巴直，通常会朝上举起。前躯直，肌肉强健，与肩同宽，后躯与膝关节处微曲。足部较小，呈卵圆形。被毛卷曲，质地粗糙，躯干、头部、耳部长有鬃毛；下垂呈绳状为绳索状毛。

耳朵被毛厚实，宽且长，部分会有深色装饰被毛

被毛一般会被人为修剪，分为幼犬式、英国鞍式、大陆式和运动式四种，呈现轻巧灵活、高傲之态，气质与古时贵妇相似

脚趾呈拱形，脚垫厚实饱满

原产国：德国 | **血统：**起源于在水中狩猎的犬 | **起源时间：**中世纪

习性 贵宾犬性情温顺，待人友善，智商高，容易训练，平日里活泼好动，爽朗大方，主人不在时会调皮捣蛋，性格有些两面派。它对城市生活适应性强，非常适合室内饲养，平日里不会主动挑起事端，并不好斗，遇到突发情况或大型犬时会因紧张而吠叫，心情不好或孤单时也会吠叫。平均寿命为12~15岁，居住环境和饮食条件皆会对其寿命长短产生影响，室内饲养比野生者长寿。

养护要点 ❶贵宾犬无需摄取太多额外的营养，在喂食专用狗粮后，加餐时要谨慎，以免造成营养失衡。❷不宜摄取过量鸡肉等含磷食物。❸鼻子敏感，不宜接触胡椒、辣椒、花椒、葱姜蒜等刺激性调味品或食品，以免嗅觉失灵或引发炎症。❹不能摄入过量的维生素C和食用过量甜食。❺适当地户外运动，每天30分钟。❻常见疾病有皮肤疾病、流泪症等。

狗狗档案

别名：贵妇犬

黏人程度	★★★☆☆
生人友善	★★★☆☆
小孩友善	★★★★☆
动物友善	★★★☆☆
喜叫程度	★★★★★
运动量	★★★☆☆
可训练性	★★★★★
御寒能力	★★½☆☆
耐热能力	★★★★½
掉毛情况	½☆☆☆☆
城市适应性	★★★★★

品种标准

FCI AKC ANKC

CKC KC(UK) NZKC UKC

我喜欢通风的环境，但不喜欢强烈的日晒

体型：大中小均有 | **体重：**3~4千克、20~23千克、30~35千克 | **毛色：**黑色、白色、褐色、杏色

贵宾犬较易中暑，不喜高温日晒、干旱干渴，凉爽舒适、整洁通风的环境是它的理想住所，在炎热的夏日能随时补充凉爽干净的饮用水会使它心情平和。它还非常喜欢与主人一起出门散步，不过，在气温过高时应尽量避免带狗狗出门，出门时一定要携带足够的饮用水。

巴哥犬 Pug

性情：高雅、善良、温顺、聪明、记忆力强、性格开朗、活泼好动

养护：中等难度

公元前400年，巴哥犬作为藏传佛教僧侣们的宠物出现在中国大陆，几个世纪后传入日本、欧洲，成为贵族们的爱犬。1860年八国联军入侵，英国兵将其与北京犬一同带出皇宫，运往英国，这是巴哥犬第一次被大量带出中国。巴哥犬有许多英勇事迹，1790年，一头名叫“好运”的巴哥犬潜入监狱，将拿破仑妻子所提供的秘密情报成功带出并送至拿破仑手中。

我额头上有褶皱

大眼睛水汪汪，总是一副十分委屈的表情，萌趣十足,眼睛颜色较深，温和的眼神中总是充满热情

形态 巴哥犬的身体呈方形，短小精悍，体魄强健。身高25~28厘米，体重6~8千克，理想体重为7~8千克。头部较大呈圆形，眼睛呈球形，大且突出。耳朵小且柔软，被毛光滑。前脸较短，呈方形，额上有大片皱纹。颈部较粗，微微拱起；肩部向后方伸展，背部和躯干皆较短；胸部向两边扩张；肋骨发育完备、舒展；尾巴微卷于背部躯干。前肢修长有力，后肢于膝关节处弯曲；后脚较短，垂直于地面；脚掌匀称，指甲黑色。被毛较短，质地光滑柔软，在阳光下泛微光。

面部和耳朵为黑色

尾巴在背上卷两圈为佳，非常可爱

毛色为银、杏黄、浅黄褐、黑、咖啡色，有时带斑块

原产国：中国 | 血统：东方犬种 | 起源时间：公元前400年

习性 巴哥犬性情温和，开朗活泼，对主人忠诚热情，对陌生人机警，可与孩童友善相处，有耐心。不耐热，适合室内饲养。需要凉爽的休息环境，睡觉时会打呼噜，会因不能散热而感到难受。喜欢和主人散步，遇到陌生人接近会吠叫，有强烈的护主意识，遇到突发情况或大型犬时也吠叫，是较喜叫的犬种。平均寿命为12~14岁。

步态灵活、自信

狗狗档案

别名：哈巴狗

黏人程度	★☆☆☆☆
生人友善	★★☆☆☆
小孩友善	★☆☆☆☆
动物友善	★★☆☆☆
喜叫程度	⯪☆☆☆☆
运动量	★★★★☆
可训练性	★★★★☆
御寒能力	★★★★☆
耐热能力	★★★★☆
掉毛情况	⯪☆☆☆☆
城市适应性	★★★★★

养护要点 ❶巴哥犬天生鼻道较短，剧烈运动后会造成缺氧和呼吸困难，玩耍时要注意让它及时休息，补充水分。❷需要适量的活动，经常带它去散步，每次30分钟为宜，避免剧烈运动。❸皮肤上褶皱较多，容易滋生细菌和皮肤病，需要保持卫生，常为其梳理被毛，每周洗1~2次澡。❹眼睛较大，容易进尘造成细菌感染，需要用硼酸水清洗眼睛。❺天气炎热时不要让巴哥犬外出，要做好防暑工作。❻常见疾病有倒睫、鞭虫病、湿疹、过敏性皮肤病、呼吸困难和呼吸急促等，养护中多加关注。

品种标准

FCI AKC ANKC

CKC KC(UK) NZKC UKC

鼻道较短容易使我呼吸困难且不耐热，夏天我会找可以吹到风或开空调的房间休息

体型：小型 | 体重：6~8千克 | 毛色：银色、杏黄色、浅黄褐色、黑色、咖啡色

西施犬 Shih Tzu

性情： *聪明、开朗、性情温顺、活力充沛、有个性*

养护： *容易养*

西施犬的起源有两种说法：一是在公元990~994年，它被湖州人当作贡品献给朝廷，深受皇帝喜爱；二是在17世纪中叶，它被从西藏带到中原献给皇帝，从此便留在紫禁城中繁衍。它因体型小，聪明温顺，样子酷似一头小狮子，深受皇家喜爱。1930年以后，西施犬逐渐走向世界，玛德莱•胡齐斯小姐将它带回英国，再由英国逐渐传入欧洲大陆、澳洲。第二次世界大战期间，美国驻英军人将它带入美国。

形态 西施犬气质高贵，活泼机警，身体结构紧凑，肌肉结实。身高20~28厘米，理想身高为23~27厘米，体重4~7千克。头部较圆，头骨宽；耳朵较大；前脸短、平，呈方形；眼睛呈圆形，深色，大但不突出，两眼间距较大；鼻孔宽大，朝上；下唇与下颌均不突出，牙齿不外露。颈部与肩部比例协调，使头部高抬；背线水平，躯干较短；肋骨两边向外扩张；胸部较深；臀部较平；尾根高，卷曲于背部，长有装饰性羽状被毛。前肢笔直，骨骼健壮，后肢于膝关节处微曲，肌肉强健。足部长有厚实的脚垫。被毛双层，浓密，长，垂于身体两侧，呈轻微的波浪形。

耳根位置偏低，耳部被毛厚实
尾巴长有装饰性羽状被毛

原产国：中国 | 血统：可能起源于西藏宫廷宠物犬 | 起源时间：不详

习性 西施犬性格开朗外向，友好和善，对主人感情深厚，回应主人的一举一动，贴心感十足，有共患难意识。极为乐观，主人不在家时自己玩耍，自己寻找快乐，或者安安静静地睡大觉。所需运动量不大，每日散步即可满足。不喜吠叫，训练不当或忽冷忽热会吠叫或出现攻击性行为。平均寿命为12~14岁。

养护要点 ❶西施犬需要经常梳理被毛，可将头顶被毛扎成辫子不遮挡眼睛。❷需要定期洗澡，用脱脂药棉之类塞住耳朵，以免水流进耳道引起发炎。❸它很聪明，日常训练不需要过长时间，要注意变花样，太单调会使它感到乏味。❹非常需要主人关爱，喜欢撒娇，初到新家时比较害怕，看到生人会保持警惕并吠叫，要对它有耐心，带它熟悉新家环境。需要每天散步，每次30分钟左右。❺常见疾病有关节脱落、倒睫、角膜炎、结膜炎等，养护中多加关注。

狗狗档案

别名：菊花狗

黏人程度	★★☆☆☆
生人友善	★★★★☆
小孩友善	★★★★☆
动物友善	★★★★☆
喜叫程度	★★★☆☆
运动量	★☆☆☆☆
可训练性	★★★☆☆
御寒能力	★★★★☆
耐热能力	★★★★☆
掉毛情况	★★★½☆
城市适应性	★★★★★

品种标准

FCI AKC ANKC

CKC KC(UK) NZKC UKC

头部被毛常被扎成辫子；为方便行动，底毛、脚步、肛周的被毛常被修剪；毛色多种多样，部分会带有斑块

西藏自然环境恶劣，但我继承了祖先的优良基因，对各种环境适应性极强，既适于室内饲养也适合养在乡下农村等地

体型：小型 | **体重**：4~7千克 | **毛色**：几乎任何颜色

玛尔济斯犬 Maltese

***性情：**热情、忠诚、文雅、性情温顺、喜欢与人亲近*

***养护：**中等难度*

玛尔济斯犬成为犬界贵族已长达28个世纪，最初它生活在文学艺术繁荣发达的马耳他。公元1世纪，罗马帝国马耳他岛总督就养了一只玛尔济斯犬，名叫“伊萨”，著名西班牙诗人玛提尔曾为伊萨写过一首诗，描绘它的美丽。公元5世纪，在古希腊和古埃及的陶器上依稀可见玛尔济斯犬的身影，传说当时一位皇后用放在金樽里的最好食物来喂养玛尔济斯犬。1570年，伊丽莎白王后的医生将这种小犬介绍给王后，用以悦心解乏。

形态 马尔济斯犬体型小巧，体态轻盈，气质优雅，是非常理想的伴侣犬。身高20~25厘米，体重1~3千克，理想体重为1千克。身体比例匀称协调，颅骨较圆；耳根较低，耳部下垂。前脸长度适中；眼睛为深色，较大，眼睑呈黑色；鼻子呈黑色；牙齿上下对齐或呈剪式咬合。颈部较长，使头部高抬；躯干紧凑，呈正方形；背部水平；肋骨向外伸展；胸部较深；腰部向上收紧；尾部卷曲于背。前躯笔直，骨骼强健，后躯与膝关节和跗关节处微曲，四肢皆长有较长被毛。足部呈圆形，小，脚垫饱满，呈黑色。单层的被毛长且直，如丝般垂于躯体两侧，长度可遮住足部。

尾部长有装饰性羽状被毛
耳朵紧贴于头部两侧，被毛丰厚且长
毛色有纯白色、淡象牙色，部分耳部长有柠檬色或浅褐色被毛

原产国：马耳他 | 血统：马耳他古老犬种 | 起源时间：公元前14世纪

习性 马尔济斯犬性情温顺，聪明伶俐，气质高贵勇敢，对主人极忠心，适合陪伴儿童和女性。不喜潮湿环境，会寻找整洁干燥的地方休息。喜适当散步，如果室外空气潮湿，则更喜欢在室内玩耍嬉戏。冷热适应性强，室内外均可饲养。遇到大型犬时比较平静，不畏惧也不逃走，但对陌生人充满敌意，会吠叫。过分溺爱会引起自负，无故吠叫或产生攻击性行为。平均寿命为14~15岁。

养护要点 ❶马尔济斯犬需要每日梳理被毛，它不太掉毛，但会染上灰尘，要注意清洁被毛，尤其在阴雨潮湿天被毛容易打结。❷注意耳部清洁，可用湿润不带水的消毒脱脂棉为其清洗耳道。❸需要细心照料，主人要对它有耐心，不可忽冷忽热。❹需要每天摄取少量熟肉类，以补充营养。酷爱运动，需要每天带它出门散步。❺不喜潮湿，喜欢干燥清洁的环境，过于潮湿的生活环境会引发哮喘。❻常见疾病有气管萎陷、倒睫、水脑症等，养护中多加关注。

狗狗档案

别名：马耳他犬

项目	评级
黏人程度	★★☆☆☆
生人友善	★☆☆☆☆
小孩友善	★★★★☆
动物友善	★★★☆☆
喜叫程度	★★★☆☆
运动量	★☆☆☆☆
可训练性	★★★☆☆
御寒能力	★★★★☆
耐热能力	★★★★½
掉毛情况	½☆☆☆☆
城市适应性	★★★★★

品种标准

FCI AKC ANKC

CKC KC(UK) NZKC UKC

头部被毛长被扎成辫子，足部被毛较短且乱，需要修剪
我继承了祖先会抓老鼠的基因，有时会比较顽皮，精心准备一些小恶作剧来逗主人开心，但大部分时间还是相对文静平和的
步态活泼轻盈，步速较快，沿直线行走，配合其温顺可爱，似懵懂顽童的表情，令人不由心生怜爱之情

体型：小型 | 体重：1~3千克 | 毛色：纯白色、淡象牙色

哈瓦那犬 Havanese

性情： *聪明、友善、文雅、敏感、容易害羞*
养护： *中等难度*

哈瓦那犬是古巴当地犬的后代，热带气候影响了哈瓦那犬的培育，使它的皮毛质地像未加工的丝绸，极柔软。16世纪，古巴受到西班牙的严格殖民控制，哈瓦那犬也因此走向欧洲。18世纪中期，哈瓦那犬在欧洲流行起来，经常出现在犬展览会上，并被确定为一个品种，很快被大众接受，融入许多家庭，成为家庭犬、伴侣犬、玩赏犬。随着古巴革命的爆发，哈瓦那犬被移民带去了美国，自此便随着人们一起在美国扎根。

形态 哈瓦那犬活泼可爱，外形短小，身体强健。身高22~29厘米，理想身高为23~27厘米，体重3~6千克，理想体重为4~5千克。头部比例协调，头骨较宽，呈圆形，前脸平整。眼镜呈杏仁状，黑色，大但不突出；鼻子为黑色，嘴唇干净。颈部长度中等，背线水平，肋骨较圆，臀部上翘，腹部微收，尾巴高高竖起。前肢笔直，后肢较短，从后侧看较直。足部结构紧凑，脚趾呈拱形，脚垫厚实饱满，脚尖方向向前，不外翻也不内收。被毛为双层，下层较柔软，为短绒毛，外层质地较硬，较粗，内外层被毛皆浓密，或直或卷，以波浪卷形为佳，足底长有被毛。

嘴唇呈黑色，少数为棕色，牙齿上下咬合整齐紧密

毛色有纯白色、淡黄色、淡橙黄色、金色、黑色、蓝色、银色、咖啡色，或以上颜色随意组合

原产国：古巴 | 血统：比雄犬家族中的一个古老品种 | 起源时间：公元23~97年

习性 哈瓦那犬热情活跃，聪明友善，气质文雅，是优秀的伴侣犬。喜欢待在主人身边，很黏人，对孩童有耐心，遇到其他动物或犬确认安全后会上前玩耍。平日安静沉稳，偶尔会害羞。运动量较大，每日需外出散步。对寒冷及炎热适应性强，适合室内外饲养。喜叫程度中等，对陌生人保持警惕，会下意识对其吠叫。平均寿命为14~15岁，饮食习惯好坏对寿命长短有影响。

养护要点 ❶哈瓦那犬的食量较小，需定时定量，不要过多喂食。❷训练时不要过于严格，它很聪明，很快就能学会，训练内容不要单调乏味和太复杂，要及时地鼓励它。❸很少掉毛，要经常为其梳理被毛，最好4~6周剪一次毛，适当修整便可。❹它无需太大生活空间，但要注意保持环境干净整洁。❺运动量较大，需要每日外出散步两次，每次30分钟，注意带上充足的饮用水。常见疾病有髋关节发育不全、白内障等，养护中多加注意。

狗狗档案

别名：哈威那

黏人程度	★★★☆☆
生人友善	★★★★☆
小孩友善	★★☆☆☆
动物友善	★★☆☆☆
喜叫程度	★★☆☆☆
运动量	★★★★☆
可训练性	★★★★☆
御寒能力	★★★★☆
耐热能力	★★★★☆
掉毛情况	★★☆☆☆
城市适应性	★★★★★

品种标准

FCI AKC ANKC

CKC KC(UK) NZKC UKC

我感情细腻敏感，忽冷忽热的态度会让我精神受挫

我在觉得被冷落时会精心策划一些小意外，用一些小招数、小手段来吸引主人的注意力，讨得主人欢心后便会黏在主人身边

我由于四肢较短，走起路来有些呆头呆脑，沿直线走，步态富有弹性，活泼欢快

体型：小型 | **体重**：3~6千克 | **毛色**：纯白、淡黄、淡橙黄、金色、黑色、蓝色、银色、咖啡色

约克夏 Yorkshire terrier

性情： *友善、倔强、活泼好动、机敏、热情、忠诚*
养护： *中等难度*

约克夏起源于一种湖畔梗，这种湖畔梗被苏格兰织布工带到约克郡，随后由移民带至英格兰，与当地各类犬种杂交后繁育出约克夏。约克夏这个名字第一次出现是在1870年的英国中西部犬展上。在此之前，这种活泼好动的小犬被叫作苏格兰断毛梗，它与出身名贵的北京犬、巴哥犬等不同，最早由工人阶级饲养，尤其是织布者，它一身长长的被毛常被戏称是由织布机织出来的。到了维多利亚女王时代，约克夏开始成为非常风靡的宠物。

形态 约克夏的身体结构紧凑，比例合理协调，身高约20厘米，体重2~3千克，3千克以上为超重。头部较小，头顶平，颅骨与大部分犬不同，并非圆形；前脸短；耳朵直立，较小。眼睛大小适中，深色，不突出；鼻子呈黑色，牙齿呈水平咬合或剪状咬合。颈部比例协调，肩部与臀部在同一水平线上，背部较短，背线水平；尾部高高翘起，贴于背部。前肢笔直，后肢于膝关节处微曲，从后侧看较直。足部呈圆形，脚趾为黑色。被毛光滑，有金属光泽，丝状。

耳朵呈V字形，而根较高，直立
眼睛炯炯有神，表情机警灵敏
躯干部位被毛长且直，垂于躯体两侧，头部被毛多被扎起，前脸被毛较长，足底和耳尖的被毛需要定期修剪

原产国：英国 | 血统：起源于一种湖畔梗 | 起源时间：19世纪中期

习性 约克夏犬性格友善，活泼好动，对主人热情忠诚，有些小倔强，非常黏人。对运动量没有特别需求。不掉毛，可以适应较为炎热的气温，但对寒冷的适应性一般。基本没有体味，爱干净，非常适合室内饲养。对待其他动物比较热情友善，容易相处，不擅长陪伴孩童。非常喜叫，兴奋时喜高声吠叫，讨厌陌生人接近，会对其吠叫。平均寿命为11~14岁。

狗狗档案

别名：约瑟犬

黏人程度	★★★★☆
生人友善	★★★☆☆
小孩友善	★☆☆☆☆
动物友善	★★★☆☆
喜叫程度	★★★★★
运动量	★☆☆☆☆
可训练性	★★☆☆☆
御寒能力	★★★☆☆
耐热能力	★★★½☆
掉毛情况	½☆☆☆☆
城市适应性	★★★★★

品种标准

FCI AKC ANKC

CKC KC(UK) NZKC

养护要点 ❶约克夏需要每天打理被毛，经常洗澡。定期为它清理牙齿、耳道、眼睛。❷定期修剪被毛，可以将头顶被毛扎成辫子，剪除耳朵上的部分外毛。❸运动量不大，每日10分钟左右慢跑或适当的室内运动即可。❹不擅长和孩童相处，需要训练调教，训练不当和过度溺爱易使它变得骄纵无礼、不听话，注意赏罚分明，及时纠正犯错。❺常见疾病有倒睫、气管萎陷等，养护中多加关注。

被毛很长直拖地面，远远看像一团会动的绒毛

我见到主人会主动跑上前，不停撒娇，若主人长时间不理我，我就会胡思乱想，暗自伤神，没精打采

从祖先身上遗传下来的机警的性格促使我比较争强好胜，喜欢爬到高处再跳下来，擅长捉老鼠

体型：小型 | 体重：2~3千克 | 毛色：黑棕色、棕色、深蓝色具有金属光泽

迷你杜宾犬 Miniature pinscher

***性情：**聪明伶俐、活泼勇敢、沉着冷静、自尊心强*

***养护：**容易养*

迷你杜宾犬起源于几世纪前的德国，随后在斯堪的纳维亚半岛的几个国家生活了很久。1895年它开始被作为家养犬，德国最早成立了迷你杜宾犬俱乐部。1905年到第一次世界大战之间它发展最快，战后它被带往美国，却未引起美国人的重视。直到1929年美国人才为它成立了迷你杜宾犬俱乐部，而后在美国一票当红，美国人也迅速接受了这种聪明伶俐的看家好手成为家庭的一员。

形态 迷你杜宾犬身体结构匀称，肌肉结实，身高25~32厘米，理想身高为28~29厘米，体重4~5千克，公犬躯干呈正方形，母犬躯干呈长方形。头部、颅骨比例协调，颅骨较平，面部较长，耳根较高，耳部直立。眼睛明亮有神，呈卵圆形，黑色，眼睑呈黑色；鼻部前伸，长，鼻头为黑色，呈楔形；面颊较小；双唇闭合，上下牙齿呈剪状咬合。颈部微拱起，与身体比例协调；皮肤紧实，肌肉强健；背线可轻微拱起也可水平；躯干呈楔形，肋骨两侧向外伸展；胸部较深；腰部较短，腹部收紧；尾根位置较高。前躯笔直，骨骼强健，后躯大腿肌肉厚实丰满，于膝关节处微曲，相互平行。足部较小，呈猫爪形。

外表整洁利落，聪明机警
被毛短直，质地偏硬，非常光滑，富有光泽
脚尖呈拱形，脚垫厚实，指甲不尖锐，较钝

原产国：德国 | 血统：意大利灰猎犬×腊肠犬 | 起源时间：几世纪前

习性 迷你杜宾犬活泼好动，聪明机警，具有极强的自尊心，对主人热情忠诚，但不过分黏人。体型小巧，所需生活空间较小。爆发力和跳跃能力皆极佳，运动时比较冒失，可能会受伤。喜欢靠嗅觉寻找东西，到处嗅来嗅去。不掉毛、无体味、对气温升高可以轻易适应，但不耐严寒，冬天会找温暖的地方休息。不喜叫，面对大型犬或突发情况会保持冷静。平均寿命为14~15岁。

养护要点 ❶迷你杜宾犬需要主人的呵护、关爱，但不能过度溺爱，以免它形成惰性，不听话。❷适当调教它，严格训练，注意赏罚分明，驯养中要让它产生信赖。❸警戒心较强，主人对初到家中的新狗要有耐心。❹不要让它食用鸡肉、鸡腿、动物肝脏等含磷高的食物。❺它喜欢在家中上蹿下跳，注意让其远离尖锐物品，并将贵重物品放好。❻常见疾病有白内障、糖尿病、慢性肾衰竭、心力衰竭等，养护中多加留意。

狗狗档案

别名：迷你杜宾

黏人程度	★★⯪☆☆
生人友善	★★☆☆☆
小孩友善	★★☆☆☆
动物友善	★★★☆☆
喜叫程度	☆☆☆☆☆
运动量	★★★★☆
可训练性	★★★☆☆
御寒能力	★★★☆☆
耐热能力	★★☆☆☆
掉毛情况	★★☆☆☆
城市适应性	★★★★★

品种标准

FCI AKC ANKC

CKC KC(UK) NZKC UKC

从祖先身上继承的基因促使我喜欢并且擅长捕捉老鼠，对运动量有一定需求，因此平时在家中会跑来跑去，将翻找角落里的东西视为乐趣，可能会无意间打碎或碰到一些东西

尾巴直立，可断尾

面颊、嘴唇、喉部、下颌、四肢、胸部和眼睛上方可能有斑块

体型：小型 | **体重**：4~5千克 | **毛色**：纯红色、鹿犬红、黑色、巧克力色

意大利灵缇犬 Italian greyhound

性情： *聪明、机警、充满活力、自由*

养护： *中等难度*

依据希腊和土耳其两国的部分艺术品和考古发现的小型灵缇，大致可以判定意大利灵缇犬起源于2000多年前的地中海盆地，是锐目猎犬中体型最小的。灵缇并未广泛养殖，但在中世纪的欧洲南部已经随处可见。意大利灵缇被大量需求是从16世纪开始，当时正是文艺复兴时期，这种小型灵缇犬经常出现在绘画作品或王公贵族的手中，如詹姆士一世的妻子、凯瑟琳、维多利亚等。第二次世界大战后这种灵缇在英国数量剧减，依靠从美国进口繁衍，才免于在当地灭绝。

几乎任何颜色，有时会带斑纹，黑色或棕色被毛的犬斑纹较少，多为纯色

形态 意大利灵缇犬体型小巧，精致优雅，自由活泼。身高33~38厘米，体重4~5千克。头部较窄，颅骨极长，额顶较平，前脸长，耳朵朝后，下折。眼睛大小适中，鼻子向前逐渐变细变窄，上下颌骨不突出。颈部较长，偏瘦，肩部略高，胸部较深，肋骨窄，腰部上收，尾根较低。前肢长且直，骨骼强健，后躯于膝关节处微曲。足部呈兔足形，脚尖呈拱形。被毛较短，富有光泽，质地柔软。

躯干长度中等，背线弯曲与臀部相连，臀部为最低点，腰部为最高点

走路时四肢高抬，同侧前后肢保持直线行走，步态轻盈活泼，给人以自由奔放，小巧灵活之感

原产国：意大利 | 血统：起源于地中海盆地小型种灵缇犬 | 起源时间：2000多年前

习性 意大利灵缇性格开朗、自由，活泼好动，热情忠诚，是优秀的猎犬和合格的伴侣犬，对主人感情深厚，非常希望得到主人的关爱，但不会过分黏人。它酷爱运动，在家中到处跑来跑去，活蹦乱跳，却因无法合理控制节奏，常会累得气喘吁吁，并因身体柔软而容易受伤。它不喜叫，安静，不吵闹，不会无故吠叫。平均寿命为10~12岁，良好的生活环境和饮食习惯是长寿的关键。

狗狗档案

别名：意大利灰狗

黏人程度	★☆☆☆☆
生人友善	★★★☆☆
小孩友善	★☆☆☆☆
动物友善	★★★★☆
喜叫程度	★☆☆☆☆
运动量	★★★★★
可训练性	★★★☆☆
御寒能力	★★★☆☆
耐热能力	★★★★☆
掉毛情况	★☆☆☆☆
城市适应性	★★★★★

养护要点 ❶意大利灵缇酷爱运动，每天宜散步两次，一次10分钟，散步时要注意为狗狗补充水分，早晚天气较为凉爽，宜出门。❷在初到新家时会显得比较窘迫，这时应抱着狗狗在家中多走动，带它熟悉新环境。❸不需要经常梳毛，注意保持清洁，洗澡时需注意不要让水进到狗狗的眼睛和耳道内。❹在驯狗时要有耐心，注意循序渐进，切莫操之过急，同时要注意赏罚分明，不可过分溺爱。❺常见疾病有癫痫症、骨折、牙周病，在养护过程中需多加关注。

品种标准

FCI AKC ANKC

CKC KC(UK) NZKC UKC

体型：小型 | **体重**：4~5千克 | **毛色**：几乎任何颜色

意大利灵缇对城市的适应性极强，也可以适应农村生活，喜欢悠闲舒适的生活节奏和干净整洁较为奢侈的生活环境。较短的被毛使它不惧怕炎热，但不能抵御严寒，到了冬天会选择在温暖的地方休息。

骑士查理王猎犬 Cavalier King Charles spaniel

性情： *友善、顺从、快乐、无攻击性、镇定、不害羞也不紧张*
养护： *中等难度*

这种猎犬深受骑士查理一世喜爱，因此得名。其祖先出身高贵，仅出现在王公贵族身边。15~16世纪的绘画中，该犬总会和宫廷孩子一起出现，非常名贵。维多利亚女王幼时也拥有一只名叫“骑士”的该犬种。因女王对培育犬类兴趣非常浓厚，成就了该犬种现在翘鼻、圆脑的玩具犬模样，与祖先相比发生了很大变化。

眼睛深褐色，清澈有神，眼睑呈黑色，下方有软垫

形态 骑士查理王猎犬体型小巧，身高31~33厘米，体重5~8千克。头部大小适中，耳根位于头顶，较高，两耳下垂，间距较大。眼睛较大，呈圆形，不突出，两眼间距适中；鼻尖向前，逐渐变细，鼻头黑色；下颌呈方形，微突，上排牙齿生于下排牙齿外侧，紧贴。颈部较长，呈拱形；肩部伸展，方向向后；背线水平，躯干呈方形，较短；胸部较深，肋骨两边向外伸展，腹部上收。尾巴较短，上翘但不超过背部。前躯笔直，肌肉丰满强健；盆骨较宽；后躯于膝关节处微曲。足部结构紧凑，肉垫厚实饱满。被毛如丝，直，长度中等，部分微卷曲，胸部、四肢、耳部和尾部被毛最长，脚趾间长有被毛。

体态匀称，活泼好动，快乐勇敢，拥有漂亮的外表和绅士的风度

走路时四肢伸展，优雅有力，步幅较大

原产国：英国 | 血统：英国玩具犬的改良品种 | 起源时间：15世纪

习性 骑士查理王猎犬性情温和，活泼快乐，友善，擅长交际，可陪伴孩童、老人。依赖主人，黏人，擅长察言观色，容易感到寂寞，需要主人经常陪伴。有一定运动量需求，喜欢散步。可以适应气温变化，不怕热也不怕冷。非常聪明，听话，容易训练。遇到大型犬时不紧张逃走也不吠叫，陌生人靠近时不产生敌意和吠叫。总体非常温顺安静，几乎不吠叫，但口水较多。平均寿命为9~14岁。

养护要点 ❶骑士查理士王猎犬活力充沛，需要经常出门散步，活动适量有助于消化吸收，要记得带好充足的新鲜水为它补充水分。❷每天需要另外摄取120~250克的熟肉类。❸不能让它食用糖分过多的食物，以免损伤牙齿和肠胃。❹容易掉毛，需要每天为其梳理被毛，保持毛发清洁。❺定期洗澡，天气炎热时3~5天洗一次，注意不要让水流进眼睛和耳道中，洗完后用吹风机吹干毛发，以免着凉感冒。❻定期为它清除牙垢，修剪指甲。常见疾病有膝盖骨脱臼、睾丸未降、心脏疾病、皮肤病等，需多加关注。

狗狗档案

别名：查理王

黏人程度	★☆☆☆☆
生人友善	★★★☆☆
小孩友善	★★★☆☆
动物友善	★★★★★
喜叫程度	★★★☆☆
运动量	★☆☆☆☆
可训练性	★★★★☆
御寒能力	★★★☆☆
耐热能力	★★★★☆
掉毛情况	★★☆☆☆
城市适应性	★★★★★

品种标准

FCI AKC ANKC

CKC KC(UK) NZKC UKC

我会随时感知主人的状态，在主人遇到难处或不开心时会尽全力帮助主人，非常贴心

体型：小型 | **体重：**5~8千克 | **毛色：**黑、棕褐、白色带栗色斑、白色带黑色斑、红宝石色、三色

布鲁塞尔格里芬犬 Brussels griffon

性情： *聪明、灵敏、机警、自信、顽皮、极富个性*

养护： *中等难度*

布鲁塞尔格里芬犬起源于17世纪，是爱芬品犬和比利时街犬的后代，出身不高贵也不古老，却是最有特点和个性的犬。身为玩赏犬的它不骄不纵，随时都会贯彻其快乐的本质，被称作比利时街头快乐的“小顽童”。19世纪时它逐渐受到统治阶层的关注，成为皇室爱犬。20世纪该犬种按被毛分为两种类型，刚毛犬形似爱尔兰梗，光滑被毛的犬形似巴哥犬，两种犬皆体型小巧而结实有力。

眼睛黝黑有神，睫毛纤长黑亮

形态 布鲁塞尔格里芬犬身体短小厚实，结实精壮，聪明机警有主见。身高18~20厘米，体重3~5千克，身体呈方形，体态匀称，骨骼发育完备。颅骨和前额又大又圆，额段较深；眼睛大且突出；鼻子黑色；嘴唇下垂，呈黑色。颈部呈拱形，长度中等；背部较短，背线水平，肋骨两边向外伸展；胸部宽阔；尾根较高。前肢直，长度中等；大腿强健，膝关节微曲。足部小巧，呈圆形，脚趾紧凑，指甲与肉垫均为黑色。被毛分两种，刚毛型又粗又长，材质偏硬，光滑型又短又直，浓密有光泽。

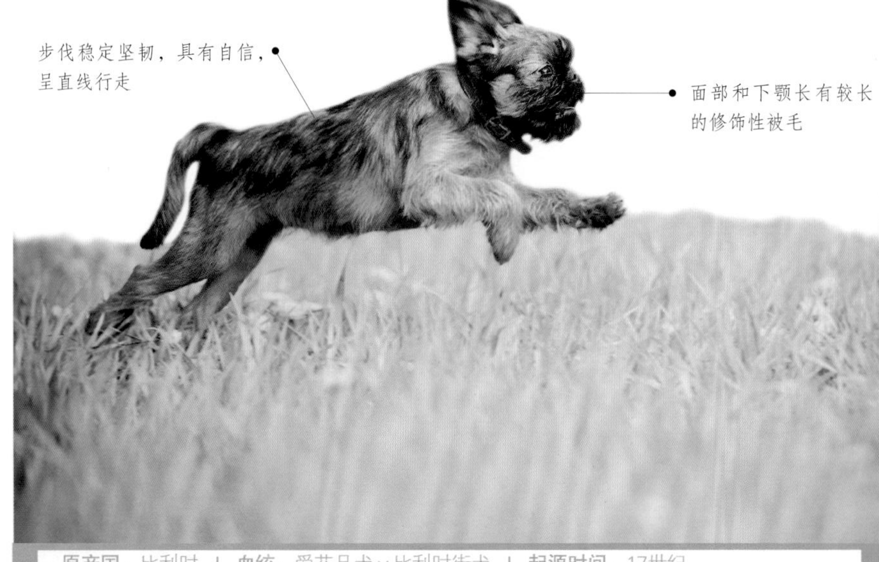
步伐稳定坚韧，具有自信，呈直线行走

面部和下颚长有较长的修饰性被毛

原产国： 比利时 | **血统：** 爱芬品犬×比利时街犬 | **起源时间：** 17世纪

习性 布鲁塞尔格里芬犬是优秀的伴侣犬，聪明，机警，愉快，自信，平日里对人和动物非常友善，喜与主人一起短时间散步。喜待在凉爽通风整洁处，对生活空间大小没有过多需求，冷热适应性中等，适合室内饲养。疏于训练会变得骄傲，经常吠叫或过分黏人，在被拒绝后可能产生攻击性行为；训练得当则文雅、听话，不无故吠叫，因其本性并不喜叫。平均寿命为12~15岁。

养护要点 ❶布鲁塞尔格里芬犬需出门散步，每次10~15分钟，气温过高时避免出门或选择凉爽处，带上充足的水。❷每日为其梳理被毛，定期清理，防止毛发打结、滋生细菌。❸每天为其准备150~200克熟肉类，和干素料或饼干混合喂食。❹此犬贪食，喂食要设定时间，10~15分钟，无论是否吃完，到时间一定要立刻将食盆收走。❺常见疾病有呼吸道疾病和唇颚口盖裂，在养护过程中需多加关注。

狗狗档案

别名：布鲁塞尔粗毛犬

黏人程度	★★★★★
生人友善	★★☆☆☆
小孩友善	★★⯪☆☆
动物友善	★★★☆☆
喜叫程度	★★★★☆
运动量	★★☆☆☆
可训练性	★★★☆☆
御寒能力	★★★☆☆
耐热能力	★★☆☆☆
掉毛情况	★★★⯪☆
城市适应性	★★★★☆

品种标准

FCI AKC ANKC

CKC KC(UK) NZKC UKC

面部表情非常人性化，下颚突出，耳朵自然垂下，像一个傲慢的小老头，有童心、不服老，令人忍不住想要摸摸它的头

体型：小型 | **体重**：3~5千克 | **毛色**：红色、红棕色、黑色、黑色和红色混合、黑色和棕褐色混合

秘鲁无毛犬 Peruvian hairless dog

性情： *聪明、富有感情、反应机敏、判断力强、忠诚*
养护： *中等难度*

秘鲁无毛犬起源时间较模糊，在公元前300年~公元1400年，早先是印加帝国的圣犬，与出自宫廷的普通玩赏犬不同，其出身多了一份神圣与神秘色彩。它的皮肤会散发出不同寻常的热度，这种热度可缓解与其长期接触者的风湿、哮喘等病症。近现代秘鲁无毛犬的数量逐渐减少，使得秘鲁人很惶恐，因此该犬声望日高，地位被提升为秘鲁国宝级遗产，相当于大熊猫在中国。

尾巴呈圆锥形状，常弯成弓形
步伐短且快，步态柔软灵活

形态 秘鲁无毛犬身高25~71厘米，体重4~25千克。头部从上面看头骨宽阔，到鼻子部位逐渐变细。鼻梁直，面颊发达。眼睛略小而机警，略呈杏仁形状。嘴唇紧贴牙龈，牙齿剪状咬合，下颌略微发达。耳朵竖起，常朝向后面，中等长度。颈部上部弯曲微凸，长度适中，呈圆锥形状，肌肉柔软。皮肤富有弹性，手感细腻光滑，少有赘肉。背线笔直，肌肉发达。腰部肌肉结实，略凸于臀部。前躯干垂直。前足有强大而且耐热的黑色脚垫。后躯肌肉圆形，富有弹性。臀部微凸，曲线比较明显。尾巴位置较低，细而短小。

眼睛颜色从不同程度的黑色到深浅不一的棕色、黄色，与皮肤的颜色和谐

我的肌肉结实，即使体型小，也给人十足的力量感，并显示着很强的判断力

秘鲁无毛犬全身除头、爪子和尾巴上有少量毛外，其他部位几乎无毛

皮色多样，黑色、灰色、深棕色、褐色、粉红色、白色均有，在阳光照耀下，会随着温度的升高由浅入深变化颜色

原产国：秘鲁 | 血统：印加帝国时代的古老犬种 | 起源时间：公元前300年~公元1400年

习性 秘鲁无毛犬全身几乎无毛，透着机警精干的气质，其纤瘦的身体搭配一双大得夸张的耳朵，样子滑稽可爱，实质却聪明、机敏。它对主人非常忠诚，也希望获得主人的贴身陪伴。在天寒地冻时分，它的皮肤具有独特热度和散热功能，堪称环保、节能、绿色、无害的理想贴身暖炉。它非常适合当看门犬，阳光明媚时在门前一卧，晒着太阳，还会由浅入深变幻皮肤的颜色，从深棕色到深灰色再到黑色。平均寿命为11~12岁。

养护要点 ❶秘鲁无毛犬没有防寒被毛，冬天和气温骤降时要注意保暖。❷皮肤接受日晒后会逐渐变黑，并不影响健康，主人不必忧虑，但应避免过度接触高温，以免中暑和伤害皮肤。❸全身没有毛发保护和皮脂腺，需要定期为其涂抹润滑油脂，以防止皮肤干燥、皴裂。

狗狗档案

别名：印加无毛犬

黏人程度	★★★★☆
生人友善	★★★★☆
小孩友善	★★★★☆
动物友善	★★★★☆
喜叫程度	★☆☆☆☆
运动量	★★★☆☆
可训练性	★★★☆☆
御寒能力	★★★★☆
耐热能力	★★☆☆☆
掉毛情况	½☆☆☆☆
城市适应性	★★★★★

品种标准

FCI AKC UKC

体型：大中小均有 | **体重：**4~8千克；8~12千克；12~25千克 | **毛色：**黑、白、灰、粉红、深棕、褐色

澳洲丝毛梗 Australian silky terrier

***性情**：活泼、快乐、热情、机警*

***养护**：容易养*

澳洲丝毛梗结合了澳大利亚本地犬与约克夏的诸多优点。19世纪末期最初繁育丝毛梗，目的是改善蓝色和褐色的澳大利亚本地梗犬，但育出的犬种有些像澳大利亚本地犬，有些像约克夏，还有一些是丝毛梗，当地人将这些犬一起饲养，久而久之形成了澳洲丝毛梗这个天性淘气快乐的固定犬种。它最初叫悉尼丝毛梗，1955年被澳大利亚人更名为澳洲丝毛梗。

头顶长有装饰性被毛，面部与耳部被毛较短，尾部被毛厚实

形态 澳洲丝毛梗是理想的玩赏犬、伴侣犬，躯干呈长方形，身高23~25厘米，体重4~5千克。头部呈楔形，长，前脸稍长，额段较浅；耳根偏高，小，呈V字形；眼睛呈杏仁状，小，深色；鼻子为黑色；牙齿整齐对合，呈剪式咬合。颈部与肩部线条流畅，长度中等，背线水平，胸部宽，躯干较低，尾根高。前肢笔直，骨骼发育良好；后躯强壮，于膝关节处微曲；足部呈猫爪形，小，圆，结构紧凑；脚垫厚实；指甲为黑色。被毛单层，质地如丝，长且直，富有光泽，下垂于身体两侧。

颈部与肩部线条流畅，长度中等，长有羽状装饰性被毛

原产国：澳大利亚 | **血统**：澳大利亚本地梗犬×约克夏 | **起源时间**：19世纪末

习性 澳洲丝毛梗性情开朗，活泼，率直快乐，对主人非常热情，对其他人和动物冷淡、机警。对运动量没有过多需求，散步就能满足。不黏人，独自在家时会自己找乐子。冷热适应性强，对生活空间大小无要求，适合室内饲养。在陌生人和其他动物侵犯领地时会吠叫，受到惊吓或兴奋时会吠叫，喜叫程度中等。平均寿命为14~15岁。

养护要点 ❶澳洲丝毛梗的运动量适中，每天需要两次户外运动，每次10~15分钟，夏季炎热时需补水。❷每日为其梳理被毛，定期洗澡，防止毛发积灰、打结并引发皮肤病。❸继承了其祖先的职业习惯，喜欢捕捉小动物，家中饲养其他小动物时需特别注意。❹顽皮，生性倔强，幼时便应对其严格调教，防止过度纵容会使它变得任性、不听话、难以驾驭，训练时切勿打骂，注意赏罚分明。❺常见疾病有气管萎陷、癫痫、关节疾病、糖尿病等。

狗狗档案

别名：雪梨犬

黏人程度	★★★☆☆
生人友善	★★☆☆☆
小孩友善	★★★☆☆
动物友善	★★☆☆☆
喜叫程度	★★★☆☆
运动量	★★½☆☆
可训练性	★★★☆☆
御寒能力	★★★★☆
耐热能力	★★★★☆
掉毛情况	★★★☆☆
城市适应性	★★★★★

品种标准

FCI AKC ANKC

CKC KC(UK) NZKC UKC

步态轻盈，活泼欢快，走路时前肢向前抬起，笔直向前，后躯有力，肌肉强健，姿态随意可人

体型：小型 | **体重**：4~5千克 | **毛色**：银蓝色、褐蓝色、暗蓝色、棕褐色

PART 2

078~103页

牧羊犬

边境牧羊犬 Border collie

性情： *聪明、灵敏、友善、富有感情、认生*
养护： *容易养*

在历史进入文明时代之初，人们开始饲养山羊、绵羊、牛等，需要一种看守类动物，牧羊犬由此诞生。据说，生活在英国的以色列人在当地繁育出牧羊犬，这些犬不断演变形成了边境牧羊犬的祖先。1860年英国第二届犬展中，维多利亚女王首次见到边境牧羊犬。

气质优雅，性格坚毅，表情机警，形态警觉，充满活力，具有典型的牧羊犬特征

形态 边境牧羊犬体型中等，公犬身高49~56厘米，母犬身高46~54厘米，体重12~25千克。头部大小适中，头骨较宽；两耳大小中等，间距适中。眼睛大小中等，褐色，呈杏仁状，间距适中；鼻子稍短，向前逐渐变尖，颜色与体色一致；下颌强壮，上下排牙齿呈钳式咬合。颈部较长，肩部稍宽，背线水平；胸部宽度适中，位置较低；臀部向下；尾巴长度适中，下垂，尾尖轻翘。前肢直，后躯骨骼强健，大腿宽而长，膝关节跗关节灵活，足部圆形，脚垫厚实。被毛双层，内层为绒毛，质地柔软，浓密、短；外层质地粗糙，长度中等。

耳尖向两侧垂下，耳朵呈直立或半直立

前肢有羽状装饰性被毛，后肢被毛较短

毛色多种多样，黑白色最为传统普遍

原产国： 英国 | **血统：** 北欧某犬种×英国当地犬种 | **起源时间：** 19世纪

习性 边境牧羊犬机智灵敏，绝对忠诚，天生擅于放牧，对主人和熟人感情深厚，对陌生人保持警惕。非常容易训练，乐于工作，充满活力。对运动需求量大，喜爱奔跑，是天生的运动健将。工作能力强大的同时也爱撒娇，黏人，得到关爱后非常开心。容易掉毛，对冷热的适应性很强，生存能力强，对城市的适应性中等，所需生活空间较大。意识到危险时会吠叫，同时提醒主人，吠叫程度中等。平均寿命为10~14岁，良好的饮食习惯和融洽的养护氛围是其长寿的关键。

养护要点 ❶边境牧羊犬运动量大，每天早晚各需外出活动一次，每次30分钟。❷可驯性强，不需要花过多时间，训练内容不可单调；训练时先和它建立信赖，轻抚或表扬会使它高兴，要有耐心，切勿打骂。❸被毛有两层，需经常梳理，保持清洁；入春时会脱毛，勤加梳理，不需要经常剪毛。❹渴望主人陪伴，在家时可让它待在身边，它会很开心。❺常见疾病有软骨骨病，虱、蚤等寄生虫病，养护中多加关注，注意饮食与卫生。

狗狗档案

别名：边境柯利

黏人程度	★★★☆☆
生人友善	★★☆☆☆
小孩友善	★★☆☆☆
动物友善	★☆☆☆☆
喜叫程度	★★★☆☆
运动量	★★★★★
可训练性	★★★★★
御寒能力	★★★★☆
耐热能力	★★★½☆
掉毛情况	★★★★☆
城市适应性	★★★☆☆

品种标准

FCI AKC ANKC

CKC KC(UK) NZKC UKC

我非常聪明，是智商最高的犬之一，智商可以达到8岁孩童的程度

体型：中等 | 体重：12~25千克 | 毛色：多种颜色、一般为黑色带白色

伯瑞犬 Briard

***性情：**聪明、大胆、机警、诚实、温顺、有个性、记忆力强*

***养护：**中等难度*

伯瑞犬是非常古老的犬种，在8世纪的绘画、12世纪的文献里曾有过它的身影，但一直到14~16世纪，人们才对它进行准确描述。起初，它身负看护货物免遭狼食和偷窃的重任，法国革命后，随着人口增多，它转行干起看护家畜的工作，正式成为牧羊犬。它非常出色，忠诚无私，工作能力极强，同时需要精心的饲养，被称作“用皮毛包裹的心脏”，其情感敏锐可见一斑。

表情机警，充满活力，具有牧羊犬的敏捷身手，浑身布满强健肌肉

形态 伯瑞犬身体线条流畅，公犬身高58~69厘米，母犬身高56~65厘米，体重33~35千克。头部较长，轻巧，不笨重；耳根位置较高。眼睛较大，宽窄适中，呈黑色或黑褐色；鼻子呈方形，黑色；唇部厚，呈黑色，牙齿发育良好，呈剪式咬合。颈部呈横向圆锥形，较长；肩部突出；背线较平；臀部呈圆形；肋骨呈鸡蛋状；胸部宽而深；腹部上收；尾尖呈沟状。前肢笔直，后肢富有弹性，足部呈圆形或椭圆形，脚趾微拱，脚垫富有弹性，厚实饱满，指甲呈黑色。被毛分两层，内层为绒毛，质地柔软；外层被毛质地粗糙干燥，平伏。

头部被毛呈倒状，耳部被毛浓密、长

毛色多种多样，除白色外所有颜色皆有

原产国：法国 | **血统：**法国工作犬中的一个古老品种 | **起源时间：**8世纪

习性 伯瑞犬聪明大胆，诚实且忠于自我，对主人忠心耿耿，常想尽办法取悦主人，听到主人命令立马执行，对陌生人保持警惕。运动量需求大，喜欢和主人一起出门慢跑，喜欢开阔清爽的空间。记忆力强，可以很快记住训练内容、明白指令。可以适应各种天气和冷热变化，室内外饲养均可。有时淘气，会乱啃东西。吠叫程度中等，遇危险较镇定，以吠叫来提醒和回应主人。平均寿命为10~12岁。

养护要点 ❶伯瑞犬每天需要梳理一次被毛，每周洗1~2次澡，每1~2周做一次美容，形成规律。❷每天30分钟的户外运动可以保持身体强壮，注意不要超负荷，外出运动时补充水分。❸被毛双层，外层生长速度慢，剪去需要很长时间才能恢复，内层每年脱落再重新长出，不需要刻意剪毛。❹黏人，非常需要主人的关爱，经常抚摸它或让它待在身边，可以使它心情愉悦。❺聪明，记忆力好，训练快，多加鼓励，赏罚分明，切勿打骂。

狗狗档案

别名：布里牧犬

黏人程度	★★★★★
生人友善	★☆☆☆☆
小孩友善	★★★☆☆
动物友善	★★★☆☆
喜叫程度	★★★☆☆
运动量	★★★★☆
可训练性	★★☆☆☆
御寒能力	★☆☆☆☆
耐热能力	★★★★☆
掉毛情况	★★★☆☆
城市适应性	★★★★☆

品种标准

FCI AKC ANKC

CKC KC(UK) NZKC UKC

我继承了祖先的优良血统，是合格的守护犬，守护主人是我的首要工作

耳朵垂于头部两侧，耳尖呈圆形，状态机警时会竖起

体型：大型 | **体重**：33~35千克 | **毛色**：除白色外所有颜色，多为黑色、灰色、褐色

澳洲牧羊犬 Australian shepherd

性情： *机警、活泼、殷勤、热情、友好、情绪稳定、攻击性小*
养护： *中等难度*

耳朵微下垂，机警时呈玫瑰花形

澳洲牧羊犬的起源说法有很多，它的发展是在美国。起初它有许多名字，像西班牙牧羊犬、断尾牧羊犬、追踪犬等，后来之所以被称为澳洲牧羊犬，是因为它虽起源于西班牙和法国之间的比利牛斯山脉的巴斯克地区，却与18世纪从澳洲带往美国的斯巴克牧羊犬有着千丝万缕的联系。它逐渐被世人了解是在第二次世界大战以后。因用途广泛、适应能力强和指向能力强的特点，它在农场和牧场中广受欢迎。

形态 澳洲牧羊犬身体比例匀称，体型中等，躯干呈长方形。公犬身高51~59厘米，母犬身高46~54厘米，体重18~29千克。头部轮廓分明；颅骨呈圆形，微扁平；耳朵呈三角形，大小中等。眼睛呈杏仁状；口鼻部逐渐向前变细；鼻尖呈圆形；牙齿坚固呈剪式咬合。颈部长度中等；胸部深，不宽；肋骨较长，适度弯曲；尾巴直，不超过10厘米。前肢笔直强壮，后肢于膝关节跗关节处弯曲；足部呈卵圆形，脚趾紧凑，脚垫厚实饱满。被毛分两层，呈波浪形或笔直，长度中等，较厚实。

头部、前肢、跗关节和耳部被毛光滑较短，公犬身上的鬃毛和装饰性被毛比母犬多
毛色有蓝斑、黑红斑、红色、黑色，头部被毛中白斑不应太多

原产国（地区）：比利牛斯山脉 | 血统：与巴斯克牧羊犬有联系 | 起源时间：19世纪

习性 澳洲牧羊犬天生运动神经发达，守护主人是天性，遇到危险时会奋不顾身地护在主人身前，同时攻击性小，完全胜任家庭守护犬的工作。平日需要主人关爱，黏人。酷爱运动，所需运动量大，需要较大的生活空间。乐于训练，能轻松理解掌握训练内容。适应寒冷天气，但不耐热，炎热时会挑选凉爽的地方休息，伸出舌头散热。口水较少，不喜叫，较安静。平均寿命为12~13岁。

养护要点 ❶澳洲牧羊犬需要定期清除耳垢，每周需清理1~2次，用棉签轻轻擦拭，别过用力。❷训练时保持规律，循序渐进，先和狗狗建立信赖，多调教，赏罚分明。❸定期剪指甲，以免抓伤人和家具。❹眼睛偏大，容易进尘，需要每隔一天用2%的硼酸水清洗，并且不要为它选购边角锐利的用具。❺需要充足的室外活动，每天两次，每次60分钟，如让它跟随自行车奔跑等，以保持身体强健。❻常见疾病有关节疾病、视网膜萎缩等眼疾，养护中要特别注意保护它的眼睛。

狗狗档案

别名：澳大利亚牧羊犬

黏人程度	★★☆☆☆
生人友善	★★☆☆☆
小孩友善	★★★☆☆
动物友善	★★½☆☆
喜叫程度	★☆☆☆☆
运动量	★★½☆☆
可训练性	★★½☆☆
御寒能力	★★★½☆
耐热能力	★½☆☆☆
掉毛情况	★★☆☆☆
城市适应性	★½☆☆☆

品种标准

FCI AKC ANKC

CKC KC(UK) NZKC UKC

我是优秀的守护犬，同时也从祖先身上继承了优秀的牧羊犬血统，具有聪明警觉的头脑，不会害羞或者恐怖，遇到突发情况可以保持头脑清醒，敏捷地做出反应

眼睛不突出、不内陷，眼睛周围偶尔会带有蓝色、黑色和红色斑点

体型：中等 | **体重：**18~29千克 | **毛色：**蓝斑、黑红斑、红色、黑色（有或没有白色或棕褐色斑纹）

澳洲牧牛犬 Australian cattle dog

***性情：**机警、诚实、勇敢、忠诚、看守能力强*
***养护：**中等难度*

澳洲牧牛犬的起源和发展与当时的经济和政策密不可分，对澳大利亚的发展做出极大的贡献。在早期殖民统治时期，悉尼等大城市是澳大利亚的人口密集区，当时只有极少数人拥有土地，为将牛赶往遥远的人口密集区，人们经常与犬分工合作。随着殖民扩张，到了1813年，西部出现大片的牧场，通常会有几百平方千米，而且多半没有护栏，人们需要一种能力更强的犬来帮助管理牲畜，由此诞生了澳洲牧牛犬。

眼睛不突出、不内陷，为深棕色
表情机警好奇，眼神中流露出认真与机智

形态 澳洲牧牛犬体型匀称，四肢强壮有力，公犬身高46~56厘米，母犬身高43~49厘米，体重14~18千克。头部宽；耳根宽，两耳竖直，中等大小；面部肌肉发达。眼睛大小中等，呈椭圆形；口鼻部向前逐渐变细，长度中等；鼻子黑色；唇部干净，牙齿呈剪状咬合。颈部长度适中；肩部较宽；背线水平；肋骨宽度中等；胸部深，胸肌发达；臀部倾斜；尾巴下垂。前躯笔直，后躯较宽，结实壮硕；足部呈圆形，脚垫厚实。被毛为两层，外层长度中等，较硬、直；下层为绒毛，质地柔软，短。

尾尖为上翘，呈沟状
毛色有蓝色、蓝色带花斑、带黑色或棕褐色花斑，头部斑点以红色为佳，黑色斑点不受欢迎
身体后半部分被毛较长，遮住臀部，耳朵内侧长有修饰性被毛，尾部被毛呈刷状，头部、四肢被毛较短

原产国：澳大利亚 | **血统：**苏格兰高地柯利牧羊犬×澳洲野犬 | **起源时间：**1813年后

习性 澳洲牧牛犬性情耿直，勇敢忠诚，对工作惊人地执着，忠于职守，对主人极为忠诚。偶尔神经兮兮，攻击接近的陌生人，平日比较安分。无需占用主人太多时间，不黏人。头脑聪明，能快速理解并掌握训练内容。天生身体强健，运动量大，喜爱奔跑，所需生活空间较大。被毛短，较耐热，不怎么耐寒。不喜叫，不会无故吠叫。平均寿命为12~15岁。

养护要点 ❶澳洲牧牛犬需要充足的运动量，每天慢跑两次，每次60分钟为宜，准备充足的饮用水，不可超负荷运动。❷每隔一天梳一次毛，注意清理毛屑和脱落死毛。❸不需要经常洗澡，半个月一次为宜，去除皮肤上的毛屑，洗后立即吹干以免着凉。❹居住环境偏干燥时可到宠物用品商店购买油性护毛喷雾来护理它的被毛。❺训练不可太严格，给予嘉奖和鼓励，建立信赖，犯错时及时指正，赏罚分明。❻常见疾病为外耳炎，养护中多加关注。

狗狗档案

别名：蓝色赫勒犬

黏人程度	★★★★★
生人友善	★☆☆☆☆
小孩友善	★★★☆☆
动物友善	★★★☆☆
喜叫程度	★★★☆☆
运动量	★★★★☆
可训练性	★★☆☆☆
御寒能力	★★★★☆
耐热能力	★☆☆☆☆
掉毛情况	★★★☆☆
城市适应性	★★★★☆

我拥有澳洲野犬的身体素质和柯利牧羊犬的机智头脑，胆量过人，警惕性极高，任何情况下都沉着冷静地做出判断

品种标准

FCI AKC ANKC

CKC KC(UK) NZKC UKC

体型：中等 | **体重**：14~18千克 | **毛色**：蓝色、蓝色带花斑、带黑色或棕褐色花斑

苏格兰牧羊犬 Rough Collie

性情：聪明、敏感、富有智慧、性格温顺、喜欢与人亲近
养护：容易养

充满灵性，温顺谦和表情友善
颈部长有装饰性被毛

苏格兰牧羊犬起源于苏格兰低地，继承了生活在寒冷的苏格兰北部祖先的一身浓密厚实的皮毛，因当地一头名叫“可利”的黑山羊而得名，早期因卓越的工作能力而备受欢迎。1860年，极度爱犬的维多利亚女王访问苏格兰时将它带回温莎堡饲养，将它培育成温顺、忠诚、可靠的优秀伴侣犬，由此逐渐在英国受到好评，随后引起好莱坞的注意——在一段时间内，只要有关苏格兰的电影就一定会让苏格兰牧羊犬出镜。

形态 苏格兰牧羊犬体型较大，公犬身高60~66厘米，母犬身高56~60厘米，体重23~34千克。头部轻盈，微倾斜，呈楔形，耳朵与头部比例协调，大小适中，呈半立状，状态警惕时竖起。眼睛大小中等，呈杏仁状，不突出，颜色为黑色；口鼻部向前逐渐变细，鼻尖黑色；口吻末端丰满平滑。颈部微拱起，长度适中；躯干呈长方形；肋骨两边向外伸展；胸部深；臀部倾斜；背线水平；腰部较圆；尾巴中等长度。前肢笔直，肌肉强健，大腿肌肉紧实有力；足部较小，脚趾较圆，脚垫厚实饱满。被毛双层，外层长且直，质地较硬，内层被毛柔软浓密。

毛色有貂色和白色、三色、蓝灰色带灰色斑块，无优劣之分
尾巴下垂，尾尖微曲

原产国：英国 | **血统：**其祖先为生活在寒冷的苏格兰北部的犬种 | **起源时间：**19世纪

习性 苏格兰牧羊犬性情温顺，喜欢与人接触，擅长交际，乐于与其他动物一起玩耍。对主人感情深厚，但不会过度黏人，喜欢与孩童玩耍，充满活力，对陌生人保持警惕，但不会出现攻击性行为，适合做家庭守护犬。聪明乐观，可以快速掌握训练内容。所需运动量较大，需要较大的生活空间，适合单开一个房间饲养或养在院子中，较适应城市生活。耐热程度一般，每年会有换毛期。沉着镇定，不喜叫，生人接近或遇突发事件不会无故吠叫。平均寿命为12~15岁，2~5岁为壮年，6岁以后开始衰老。

养护要点 ❶苏格兰牧羊犬每天需外出锻炼两次，可让它跟随自行车慢跑，为它补充水分。❷天气炎热时做好防暑措施，准备舒适凉爽的环境，气温高时别带它出门。❸每天梳理被毛，每年换毛，期间掉毛严重，需要经常梳理。无需经常为其剪毛。会乱咬东西，啃咬家具、鞋子等，需特别训练。❹喜欢捡东西，玩耍时可将东西抛出让它捡回。非常聪明，快速理解训练内容，注意不可打骂，赏罚分明，训练内容不要枯燥乏味。❺常见疾病有骨骼疾病、白内障等，养护中需多加关注。

狗狗档案

别名：柯利犬

项目	评级
黏人程度	★★☆☆☆
生人友善	★★★☆☆
小孩友善	★★★★★
动物友善	★★★★☆
喜叫程度	★★☆☆☆
运动量	★★★☆☆
可训练性	★★★★☆
御寒能力	★★★½☆
耐热能力	★★★☆☆
掉毛情况	★★★★☆
城市适应性	★★★½☆

品种标准

FCI AKC ANKC

CKC KC(UK) NZKC UKC

从祖先身上继承的一身浓密厚实的皮毛使我不必惧怕严寒的天气
身上长有鬃毛和装饰性被毛，脸部、四肢被毛较短，光滑，臀部被毛较长，浓密

体型：大型 | **体重**：23~34千克 | **毛色**：貂色带白色、三色、蓝灰色带灰色斑块、白色

英国古代牧羊犬 Old English sheepdog

性情： *聪明、平和、不好斗、镇定、适应能力强*
养护： *中等难度*

英国古代牧羊犬起源于18世纪，根据资料记载可断定俄国奥特查犬是该犬种的祖先之一。1771年，布洛公爵抱着一只英国古代牧羊犬的画面被雕刻进版画中，可见它享受的尊荣。它最早被用于驱赶牛羊，将牛羊驱赶至集市是它的常见工作。它有一身漂亮的长毛，在刚进入美国时被误解为是很难饲养的犬，实则不然。它不仅是优秀的雪橇犬，因其恋家的性格，也是理想的家养犬。

形态 英国古代牧羊犬的躯体呈正方形，身体比例协调，体型较大，矮胖。公犬身高56~61厘米，母犬身高不足54厘米，体重27~41千克。颅骨较大，偏正方形；耳朵扁平，大小中等。眼睛有褐色或蓝色，颜色深者较受欢迎；鼻子较大，呈黑色；牙齿发育良好，呈水平咬合；下颌长，呈正方形。颈部呈弓形，很长；背线起伏，肩胛骨处较低，腰部较高，臀部倾斜；肋骨发育良好；胸部深，容量大；腰部呈弓形；尾巴较短。前躯笔直，后躯圆，跖骨垂直于地面；足部呈圆形，较小，脚趾呈弓形，脚垫厚。被毛厚实饱满，分为两层，外层质地较硬，较粗，不直也不卷曲；下层为绒毛，防水。

耳朵、颅骨和前肢被毛厚实，臀部被毛最长，浓密
我具有古代牧羊犬的典型特点，将身体的右侧视为弱点，对右侧较为敏感
具有极强的领地意识，除主人外任何进入领地的人或动物都不会受到欢迎
奔跑时具有弹性，四肢伸展，强健有力
毛色有灰色、灰白色、蓝色、蓝黑色、芸石色，也有褐色和淡黄色，但不受欢迎

原产国：英国 | 血统：祖先为俄国奥特查犬 | 起源时间：18世纪

习性 英国古代牧羊犬性情沉稳平静、温顺随和，对主人极忠诚，会服从命令，遇意外优先护主。喜欢亲近儿童，对陌生人无敌意，遇到其他动物或犬会上前玩耍，不害羞。所需运动量较大，需要每天外出慢跑才能满足。厚实的被毛使它不惧怕寒冷，但不耐热，到了夏天会很怕热。较为安静，不喜叫。平均寿命为10~12岁。

养护要点 ❶英国古代牧羊犬所需运动量较大，每天外出慢跑，要带够新鲜的清水为它补充水分。❷经常陪伴它，繁忙时可让它躺在身边休息。❸被毛长，每天梳理1~2次，防止打结，春秋季每2~3星期洗澡一次，夏天每两天洗澡一次。❹不耐热，夏天做好防暑措施，让生活环境凉爽通风。❺每隔3~5天为它清理指缝和耳道。❻常见疾病有白内障、视网膜萎缩等，养护中多加关注。

狗狗档案

别名：截尾犬

黏人程度	★★★★★
生人友善	★★★★★
小孩友善	★★★☆☆
动物友善	★★★★☆
喜叫程度	★☆☆☆☆
运动量	★★★★☆
可训练性	★★☆☆☆
御寒能力	★★★½☆
耐热能力	★★☆☆☆
掉毛情况	★☆☆☆☆
城市适应性	★★★★☆

品种标准

FCI AKC ANKC

CKC KC(UK) NZKC UKC

我对主人非常依赖，容易感到寂寞，寂寞会使我性情大变，感到愤怒，乱发脾气，有时会乱咬东西，甚至出现攻击性行为

体型：大型 | 体重：27~41千克 | 毛色：灰色、灰白色、蓝色、蓝黑色、芸石色

喜乐蒂牧羊犬 Shetland sheepdog

性情：温柔、镇定、聪明伶俐、活泼好动、忠于主人

养护：容易养

喜乐蒂牧羊犬是一种小型柯利牧羊犬，起源于谢德兰岛，该岛由大量岩石构成，因此岛屿本身不可能生产出大量的饲草和牲畜，仅有的植被也被海水包围，加之时常会有暴风雨袭来，只有少数小型动物和人类能在此岛上生存，喜乐蒂牧羊犬便是其中之一，后世常常会用“一个小小的奇迹”来形容它。因为岛屿相对比较封闭，一般人不会旅行到那里，以至于这种可爱的小型牧羊犬直到20世纪才出现在犬展上被世人所知晓。

背线较平
前肢被毛较多，后肢被毛短

形态 喜乐蒂牧羊犬的体型在牧羊犬家族中偏小，肌肉强健，敏捷可靠。身高33~41厘米，体重6~17千克。头部较长，气质优雅，脸颊与额段衔接紧密，不突出，耳朵小。眼睛呈杏仁状，略倾斜，黑色，大小中等，鼻子呈黑色，嘴唇闭合，下颌凹陷，下巴呈圆形，牙齿较平，紧密咬合。颈部呈弓形，胸部深达肘部，肋骨富有弹性，下半部分逐渐变平，腹部上收，腰部呈弓形，臀部倾斜。尾巴长且下垂。上肢与肩部垂直，前肢笔直，后躯股部较宽，足部呈卵圆形，脚趾紧密，呈弓形，脚垫厚实饱满，质地偏硬。

被毛分为两层，外层被毛长且直，质地粗糙，下层为绒毛，柔软紧密，较短

原产国：英国 | 血统：苏格兰柯利犬×斯皮茨犬 | 起源时间：与谢德兰岛一样久远

习性 喜乐蒂牧羊犬性情温和柔善，较为镇定，极为忠诚，对主人的呼唤会迅速地给予回应，对陌生人则非常冷淡，不理不睬，但并不怎么黏人，非常省心。它非常聪明，容易接受训练，生活习性单一，一旦认准了一点就不会轻易改变，比如习惯了睡在垫子上，就算把床让给它，它也不会去睡。它的运动量适中，耐冷耐热，非常喜叫，兴奋时会高声吠叫。平均寿命为13~14岁。

养护要点 ❶喜乐蒂牧羊犬非常容易掉毛，需要每天为其梳理被毛，无需经常修剪被毛。❷每月须为其洗一次澡，洗澡时需注意不要让水进到狗狗的眼睛和耳道中。❸切勿打骂狗狗、对狗狗忽冷忽热，训练时需赏罚分明。❹所需运动量较大，每天需外出散步两次，每次以30分钟为宜。❺常见疾病有甲状腺功能减退症、皮肤炎、卡他性炎、遗传性出血紊乱、渐进性视网膜萎缩、溃疡性炎、软骨病、水疱性炎、肥胖症等，在养护过程中需多加关注，要为狗狗塑造良好舒适的生活环境，帮助狗狗养成正当合理的饮食习惯。

狗狗档案

别名：喜乐蒂犬

黏人程度	★☆☆☆☆
生人友善	★☆☆☆☆
小孩友善	★☆☆☆☆
动物友善	★★★★☆
喜叫程度	⯪☆☆☆☆
运动量	★★★☆☆
可训练性	★★★★★
御寒能力	★★★★☆
耐热能力	★★★★☆
掉毛情况	★★★★☆
城市适应性	★★★★★

品种标准

FCI AKC ANKC

CKC KC(UK) NZKC UKC

体型：中等 | **体重**：6~17千克 | **毛色**：黑色、蓝灰色、褐色、带有白色斑纹、黑色或蓝色带铁锈色

在喜乐蒂牧羊犬漫长的发展史中，它深得人们喜爱，但曾因为过度繁殖而被人抛弃，因此脾气有些古怪，偶尔会犯犯神经，不开心时会向人们展示它倔强的一面，偶尔会不想被任何人束缚，不愿完成任务，这时它会摆出可爱又困惑的表情，用装傻来糊弄人。

比利时玛利诺斯牧羊犬 Belgian Malinois

性情： *自信、温和、尽忠职守、感情丰富*
养护： *中等难度*

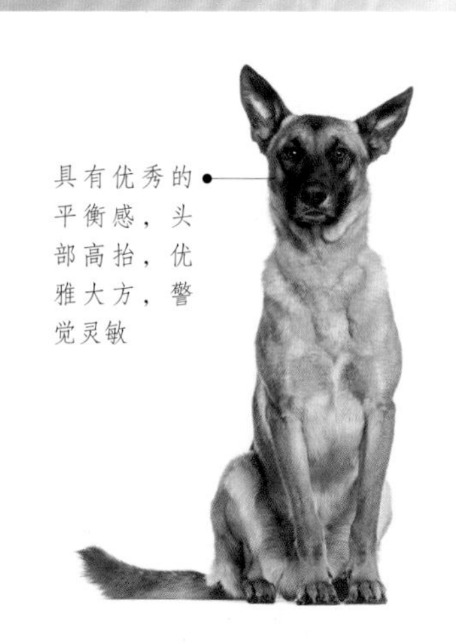

具有优秀的平衡感，头部高抬，优雅大方，警觉灵敏

比利时玛利诺斯牧羊犬起源于13世纪的玛利诺斯市，名字由此而来，是唯一的比利时短毛牧羊犬。它工作能力极强，聪明机警，在比利时、法国、瑞士、美国极受欢迎。早期它因出色的工作能力和极高的可驯性，尤其是能轻松越过3米高墙的跳跃能力，被训练师和竞技者看中作为竞技犬驯养。由于饲养者非常关心它的样式和特征，不断进行改良，产生了许多杂交品种。

形态 比利时玛利诺斯牧羊犬躯体呈正方形，公犬身高61~66厘米，母犬身高56~61厘米，体重25~30千克。头部轻盈，头骨较平；耳朵竖直时呈等边三角形。眼睛大小中等，呈杏仁状；口鼻部尖，鼻子呈黑色；嘴唇呈黑色，紧闭，下颌骨骼发育良好，呈水平咬合或剪式咬合。颈部较长；肩高；背线水平；胸部较深，可达肘部；腰部结实健壮，较短；臀部倾斜，长度适中；尾根较粗，尾椎最长与跗关节齐平。前躯轻盈，前肢笔直，后肢骨骼呈椭圆形，足部呈圆形，脚趾微曲，脚垫厚实饱满。被毛短直，不硬也不柔软，较浓密。

头部、耳朵和下肢被毛最短，颈部、尾巴和四肢后部被毛较长。基本毛色为淡黄褐色、红褐色，毛尖呈黑色，耳朵、面部被毛为黑色
眼睛为棕色，以深棕色为佳，目光机警有神，眼睑呈黑色

原产国： 比利时 | **血统：** 马士提夫犬×英国猎鹿犬 | **起源时间：** 13世纪

习性 比利时玛利诺斯牧羊犬是天生的守护犬，会习惯性地守护主人及财产。它继承了牧羊犬聪明、忠诚、勇敢、体魄强健的特性，很快就能掌握训练内容。服从性强、机警敏锐和酷爱工作使它被选为警犬。非常热衷于运动，喜爱奔跑，需要较大的生活空间。可适应寒冷与炎热的天气。不喜叫，除了工作需要或配合主人外基本不太会叫。平均寿命为12~14岁。

养护要点 ❶比利时玛利诺斯牧羊犬需要每天梳理被毛，用兽毛刷或木梳。❷每天提供适量的熟肉类食品，不能是鸡肉等含磷过多的食物。❸每天两次户外活动，一次60分钟，让它跟随自行车慢跑。❹给它提供较大的生活空间。❺训练时不可打骂，注意赏罚分明，为它立下合理规矩，训练内容不可枯燥乏味和太过复杂。❻常见疾病为关节疾病，养护中不能让它长期待在潮湿或干燥环境里，以保护关节。

对主人极为忠诚，非常喜爱主人，渴望主人的关爱却不黏人

狗狗档案

别名：马利诺斯犬

黏人程度	★★★☆☆
生人友善	★★★⯪☆
小孩友善	★★★☆☆
动物友善	★★⯪☆☆
喜叫程度	★★★⯪☆
运动量	★★★★☆
可训练性	★★★★☆
御寒能力	★★★☆☆
耐热能力	★★★☆☆
掉毛情况	★★☆☆☆
城市适应性	★★★☆☆

品种标准

FCI AKC ANKC

CKC KC(UK) NZKC UKC

我外表凶悍冷漠，实则非常友善，基本不具有攻击性，无需刻意训练也能够和陌生人相处融洽

体型：中等 | **体重**：25~30千克 | **毛色**：基本颜色为淡黄褐色、红褐色

比利时牧羊犬 Belgian sheepdog

***性情：**机智、自信、机警、镇定、友好、忠心*

***养护：**中等难度*

比利时牧羊犬起源于19世纪，出生不久便被记为血统犬，与德国牧羊犬、荷兰牧羊犬一起出现在各类犬展上。当时，在欧洲人民族精神和自豪感的驱使下，它被作为国家标志性动物，再加上它卓越的工作能力，使人们很快对它产生了浓厚的兴趣，在第一次世界大战前便被作为多用途的犬种。20世纪初，它加入警犬队伍，为巴黎警方所用。

形态 比利时牧羊犬的躯体呈方形，公犬身高61~66厘米，母犬身高56~61厘米，体重27~34千克。头部轮廓清晰，头骨较平坦，耳朵竖直呈三角形，耳根高于眼睛中点。眼睛为黑褐色，呈杏仁状，大小适中，不突出；口鼻部末端不尖锐，长度与头顶骨相等，鼻子黑色，嘴唇黑色，牙齿整齐洁白。颈部前伸，较圆，向后逐渐变粗，肩部高于背部，胸部较深，腹部平缓，臀部微隆，尾根强健粗壮，尾巴下垂。前肢笔直强健，后肢骨骼呈椭圆形，大腿较宽，足部较圆，脚趾微曲，脚垫厚实饱满，指甲呈黑色。被毛较粗，浓密，长且直，外层被毛下藏有绒毛，柔软浓密。

眼睛清澈有神，大小适中，神情警觉

毛色有黑色、黑白色、白色带斑点

头部、下肢和耳朵外侧被毛较短，颈部被毛浓密，分布均匀，像是围脖

尾巴于膝关节平行处微向上弯曲

原产国：比利时 | **血统：**代表比利时血统的牧羊犬 | **起源时间：**19世纪

习性 比利时牧羊犬性情友好忠诚，态度机警，遇事镇定，机智，自信，率直，喜欢用实际行动来表达自己。服从性强，对主人忠心耿耿，热衷于工作，对训练抱有热情，能快速理解掌握训练内容。对主人热情，对陌生人警惕。常渴望主人的关爱，但不黏人，不太会撒娇。喜爱运动，所需运动量大，适合在较大空间里生活。冷热皆能适应，不喜叫。平均寿命为12~14岁。

养护要点 ❶比利时牧羊犬所需运动量大，每日需两次户外运动，每次60分钟为宜，可让它跟随自行车慢跑。❷酷爱运动，需要较大的生活空间，最好为它单辟出一间房间或养在院子里。❸每天喂它250~300克熟肉类食品，生肉对它的肠胃不好。❹每天为它梳理被毛，每3~5天清理牙齿、耳道和指甲，用2%的硼酸水清洗眼睛。❺每周为它修剪一次指甲，以方便行走。❻常见疾病有过敏、皮肤病、髋关节疾病等，养护中需多加留意。

狗狗档案

别名：格罗安达犬

项目	评级
黏人程度	½☆☆☆☆
生人友善	★★☆☆☆
小孩友善	★★☆☆☆
动物友善	★★★☆☆
喜叫程度	½☆☆☆☆
运动量	★★★★★
可训练性	★★★★★
御寒能力	★★★★☆
耐热能力	★★★½☆
掉毛情况	★★★☆☆
城市适应性	★★★☆☆

品种标准

FCI CKC UKC

我继承了祖先看家护院的好本领，
会主动保护主人以及主人的财产，
对周围的一切事物皆观察细致
在陌生人接近时会立刻对其进行观
察，但不会对其作出攻击性行为，
通常情况下不会感到害羞或者恐惧

体型：大型 | 体重：27~34千克 | 毛色：黑色、黑白色、白色带斑点

德国牧羊犬 German shepherd

性情：*自信、顽强、勇敢、友善、聪明、忠诚*
养护：*容易养*

给人的第一印象是强壮精悍，表情警觉，肌肉强健，四肢发达有力

德国牧羊犬是起源于放牧犬和农田犬的古老犬种，已作为忠诚伴侣陪伴了人们几个世纪。1899年，德国牧羊犬俱乐部掀起一场崇尚牧羊犬的时尚风潮，并将这股风潮推向美国，逐渐影响了欧洲许多国家。它不似其他牧羊犬那样有过转行经历，而是自始至终都作为工作犬。德国牧羊犬分为短毛弓背犬和长毛平背犬两种，两种都发育得十分完美，可以胜任多种工作，会放牧也会巡逻，常因优秀的工作能力被选入警犬行列。

形态 德国牧羊犬公犬身高61~66厘米，母犬身高56~61厘米，体重22~40千克。头部轮廓清晰，前额微拱；耳朵微尖，方向向前。眼睛呈杏仁状，不突出，大小适中；鼻子呈黑色，嘴唇结实干净，下颌骨发育良好；牙齿共42颗，呈剪式咬合。颈部肌肉发达，头部高抬，肩部较高，背部较平坦，胸部向前延伸，肋骨发育良好，腰部较短，腹部轻微上收，臀部倾斜，尾椎骨可延伸至跗关节，尾巴下垂，微曲。前肢笔直，股部较宽，足部较短，脚垫厚实，指甲黑色。被毛长度中等，为双层，外层为直毛，浓密，呈刚毛状或有轻微波纹。

眼睛微斜，颜色较深较暗

毛色多种多样，黑色最常见，鲜艳色彩为首选

四肢和足部被毛较短，颈部被毛长而浓密

原产国：德国 | **血统**：放牧犬×农田犬 | **起源时间**：几个世纪前

习性 德国牧羊犬遇事从容，淡定自若，充满自信，有些高冷。它热衷于训练，勇于克服困难，可以快速理解消化训练内容。如果所用训练方法不正确，则无法激发出其优秀的潜质。它所需运动量较大，对运动的执着十分惊人，每天都会外出跑步。它所需生活空间较大，对寒冷和炎热极为适应，较为喜叫，平均寿命为12~13岁。

养护要点 ❶德国牧羊犬所需运动量非常大，不能让它闷在家里，每天应外出两次，每次60分钟为宜，外出运动时注意补充水分。❷容易掉毛，每天为它梳理被毛，防止皮肤病。❸它喜欢在犬窝中休息，经常清理犬窝，保证干净舒适。❹它非常聪明，容易训练，训练成果不尽人意很可能是方法不当造成，切莫心急打骂它。❺它自尊心很强，认定了某人为主人就会死心塌地地跟随左右，饲养中切忌对它忽冷忽热，以免使它产生精神性疾病。❻常见疾病有血管性血友病、椎间盘疾病、软骨病等，养护中多留意。

狗狗档案

别名：德国狼犬

黏人程度	★★★☆☆
生人友善	★★☆☆☆
小孩友善	★★★☆☆
动物友善	★★★☆☆
喜叫程度	★★★☆☆
运动量	★★★★½
可训练性	★★★★★
御寒能力	★★★½☆
耐热能力	★★★½☆
掉毛情况	★★★☆☆
城市适应性	★★★★½

品种标准

FCI AKC ANKC

CKC KC(UK) NZKC UKC

继承了祖先优秀的能力，具有警觉的神经、机敏的反应力、出色的头脑和忠诚的本性，对待工作态度非常认真，遇到突发状况时无畏的精神会展现得淋漓尽致，表现出机警与急切，对周围事物展开细致入微的观察与探索

如果长期不运动或达不到它所需的基本运动量，就会变得神经兮兮，用攻击性行为来宣泄对运动的渴望

体型：大型 | **体重**：22~40千克 | **毛色**：通常为黑色

卡地甘威尔士柯基犬 Cardigan-Welsh Corgi

***性情：** 友善、忠诚、性情温顺、具有亲和力*

***养护：** 中等难度*

卡地甘威尔士柯基犬是最早生活在英格兰岛的犬种之一，最初从中欧进入卡地甘郡，约公元1200年又与生活在当地的凯尔特人一起迁往威尔士。它与凯尔特人一起生活在卡地甘郡时，所展现出的机警和聪颖深深地吸引了凯尔特人的注意，经过长期相伴与磨合，它成为凯尔特人家庭中必不可少的一员，可以保护幼童、驱赶野兽。到达威尔士后，这种犬深受当地居民喜爱。

眼睛不突出，眼神清澈有神

形态 卡地甘威尔士柯基犬体型较小，身高27~32厘米，体重11~17千克。头骨宽；脸颊平整；耳朵大，耳尖微圆。眼睛大小适中，眼间距较宽，眼睑黑色；鼻子黑色；嘴唇干净，牙齿呈剪状咬合。颈部长，肩部轮廓清晰，背线水平，躯干较长，胸部宽且深，腰部短，臀部倾斜，尾巴可达跗关节，兴奋时会翘起。上肢与肩胛骨形成直角，前臂微曲，跖骨发育良好，前脚较长，脚垫厚实饱满，后脚较小，脚垫同前脚。被毛长度适中，分为两层，外层粗糙、平滑，内层为绒毛，较短，柔软浓密。

原产国：英国 | 血统：矮脚犬 | 起源时间：不详

习性 卡地甘威尔士柯基犬性情温和，对主人忠诚，可和其他动物友善相处。它比彭布洛克威尔士柯基犬更活泼，有时较顽皮，外出散步和在家中常会因好奇而抛下主人，独自跑去研究新奇的物件，玩够了再跑回来。所需运动量较大，对外出运动充满热情，喜欢在空旷的环境里独自玩耍。需要主人关爱，黏人，常赖在主人身边。容易掉毛，耐热，不太耐冷。聪明，可以顺利理解训练内容，所需时间比彭布洛克威尔士柯基犬长一些。面对突发情况或陌生人时比较镇定，不会逃走或慌乱。兴奋时吠叫，有时为配合主人也吠叫，吠叫程度适中。平均寿命为12~15岁。

狗狗档案

别名：卡地甘柯基

黏人程度	★★★★☆
生人友善	★★★☆☆
小孩友善	★★★☆☆
动物友善	★★★☆☆
喜叫程度	★★★½☆
运动量	★★★☆☆
可训练性	★★★★☆
御寒能力	★★★½☆
耐热能力	★★★½☆
掉毛情况	★★★☆☆
城市适应性	★★★★½

品种标准

FCI AKC ANKC

CKC KC(UK) NZKC UKC

养护要点 ❶卡地甘威尔士柯基犬容易掉毛，每天为它梳理被毛，防止毛发打结和细菌滋生。❷每月为它洗一次澡，注意不要让水流进眼睛和耳道中。❸每日要外出锻炼两次，每次30分钟，带上充足清水。❹多花点时间陪伴它，不可对它忽冷忽热。❺训练时不可打骂，循序渐进，赏罚分明。❻常见疾病有视网膜剥离、青光眼、髋关节发育不全等，养护中留意。

毛色有深浅不同的红色、貂毛色、斑纹色、带或不带茶色斑纹的黑色、蓝灰色

体型：小型 | **体重：**11~17千克 | **毛色：**红色、貂毛色、斑纹色、带或不带茶色斑纹的黑色、蓝灰色

彭布洛克威尔士柯基犬 Pembroke-Welsh Corgi

头部外形与狐狸相似

性情：友好、勇敢、镇定、温和

养护：中等难度

彭布洛克威尔士柯基犬起源于12世纪，十分古老。人们曾试图将两种柯基犬归为一种，随后经劳耶德•索玛斯证实，两种犬之间存在着很大区别。彭布洛克威尔士柯基犬相较卡地甘而言，体型更短小，腿更直，身体更轻，被毛更光滑。1917年彭布洛克威尔士柯基犬的祖先被威尔士弗兰德的织布者带到英国，与当地犬种杂交后逐渐形成了今天的彭布洛克威尔士柯基犬。

形态 彭布洛克威尔士柯基犬体型较小，身高26~31厘米，体重9~12千克。头骨宽，脸颊呈圆形，轮廓鲜明，耳朵大小适中。眼睛呈椭圆形，大小适中；鼻子呈黑色；嘴唇紧，呈黑色，上下排牙齿呈剪式咬合或钳状咬合。颈微拱起，较长，背线水平，肋骨呈卵形，胸部深，尾部较短。前肢短，骨骼发育良好，与足部垂直，肘关节至腕关节距离短，前肢看上去并非笔直，后肢富有弹性，股部肌肉丰满，足部呈椭圆形，脚垫厚实饱满，爪较短。被毛长度中等，分两层，外层被毛较长，质地粗糙；内层为绒毛，浓密厚实、短。

耳朵质地较硬，竖直，耳尖浑圆

原产国：英国 | 血统：其祖先与老式无尾小黑犬有关 | 起源时间：12世纪

习性 彭布洛克威尔士柯基犬性情温和，友好大胆，继承了畜牧类犬优良的基因，头脑聪明，感官敏锐，可以快速掌握训练内容。它所需运动量较大，每天外出慢跑。对主人忠诚，服从性强，可与家中幼童友善相处，遇到其他动物时态度友善。它好奇心旺盛，天真活泼，喜欢一探究竟，外出时很可能会在主人身边转来转去，用头部推着主人的腿，催促主人带它去想去的地方。对陌生人保持机警，盯着对方细致观察，很少主动攻击。它体型小，对生活空间的大小无需求，对气温变化的适应性较强，喜欢在雪地中奔跑，吠叫程度中等，平均寿命为10~12岁。

养护要点 ❶彭布洛克威尔士柯基犬每天要外出锻炼一次，30分钟为宜，出门前带足干净清水。❷容易掉毛，每天为它梳理被毛，防止皮肤病。❸它容易发胖，注意控制它的食量。❹它喜欢乱吃东西，在家和外出散步时不要让它随便捡东西吃，尤其是容易卡住喉咙的小件硬质物品，要放在它够不到处。❺常见疾病有肥胖症、癫痫、椎间盘疾病等，养护中多加留意。

狗狗档案

别名：彭布罗克柯基

黏人程度	★★★★☆
生人友善	★★☆☆☆
小孩友善	★★★½☆
动物友善	★★★½☆
喜叫程度	★★½☆☆
运动量	★★★☆☆
可训练性	★★★★☆
御寒能力	★★★½☆
耐热能力	★★★½☆
掉毛情况	★★★☆☆
城市适应性	★★★★½

品种标准

FCI AKC ANKC

CKC KC(UK) NZKC UKC

体型：小型 | **体重：**9~12千克 | **毛色：**红色、貂毛色、浅红褐色、黑色、带或不带白斑的黄褐色

PART 3

106~145页

工作犬

安娜图牧羊犬 Anatolian shepherd

性情： *聪明、机警、活泼、勇敢、忠诚、适应能力强*
养护： *饲养难度大*

安娜图牧羊犬起源于距今6000多年前的土耳其，该犬种有着忠心耿耿、独立自主、结实强壮的特性，早期用于抵御入侵者。因其能够忍受土耳其恶劣的自然环境，并且适应牧羊人的生活方式，也被当作牧羊犬饲养。20世纪50年代，安娜图牧羊犬进入美国，起初因相貌一般而被认为是“不具魅力的品种”，但它们始终履行着自己守护犬的职责，以其极强的工作能力和忠诚打动了人们，逐渐赢得了世人的喜爱。

我机警灵敏，是非常优秀的看护犬

形态 安娜图牧羊犬体型较大，结实强壮，骨骼发育良好。公犬身高在74厘米左右，体重50~68千克，母犬身高约为69厘米，体重37~55千克。头骨粗大，耳朵最高点不高于头顶。眼睛大小适中，呈杏仁状，鼻子和上唇为棕色或黑色。颈部微弓，长度中等，背部肌肉发达，腰部呈弓形，臀部向下倾斜，尾巴下垂。前肢笔直，后躯肌肉发达，大腿粗，足部呈椭圆形。被毛短，较粗，排列并不紧密。

耳朵呈V字形，双耳垂向头部两侧
两眼间距较大，颜色不定，多为深棕色或琥珀色，眼睑呈黑色或棕色
颈部被毛较长，呈环状，具有一定保护性
全身上下皆长有细毛，较浓密；毛色多种多样，并无好坏之分
膝关节和跗关节处微曲
背线水平，胸部深
脚趾呈弓形，脚垫厚实，较硬

原产国： 土耳其 | **血统：** 与康巴柯皮基犬有联系 | **起源时间：** 6000多年前

习性 安娜图牧羊犬性情温顺，活泼开朗，聪明勇敢，对幼童较友善，对主人非常忠诚，对陌生人警惕，充满不信任。它具有极强的领地意识，对靠近的陌生人会产生敌意。它喜爱奔跑，需要较大的生活空间，并不适合室内或城市饲养，但它对环境的适应性极强，可以接受室内生活并主动适应城市。较为喜叫，尤其在兴奋或有人闯入自己的领地时。平均寿命为10~11岁。

养护要点 ❶安娜图牧羊犬需要经常梳毛，防止毛发打结或滋生细菌感染皮肤病。❷它资质极高，有做军犬的潜质，主人训练时需多加注意，要有足够的耐心，不可心急打骂。❸它领地意识极强，在被激怒后会具有明显的攻击性行为，要注意不要让陌生人踏进它的领地。❹它的运动量非常大，需要每日出门活动。❺常见疾病为遗传病、髋关节发育不良、眼睑内翻等，在养护过程中需多多留意，避免引发疾病。

狗狗档案

别名：安那附托亚牧羊犬

黏人程度	★★★☆☆
生人友善	★☆☆☆☆
小孩友善	★★☆☆☆
动物友善	★★★☆☆
喜叫程度	★★☆☆☆
运动量	★★★☆☆
可训练性	★★☆☆☆
御寒能力	★★★★☆
耐热能力	★★★☆☆
掉毛情况	★★☆☆☆
城市适应性	★★½☆☆

品种标准

FCI AKC ANKC

CKC KC(UK) NZKC UKC

运动时可以让我跟随自行车奔跑，要记得带好充足的清水，为我补充好水分；在夏季炎热时，尽量挑选阴凉通风的地方让我活动，以避免过度暴晒引起中暑

体型：大型 | **体重**：37~68千克 | **毛色**：几乎任何颜色

安娜图牧羊犬虽名为牧羊犬，实则并没有充分继承其祖先的本领，更适合保卫牲畜不被野兽偷食、袭击，胜任守卫犬的工作，是优秀的工作犬。它的个性很倔强顽固，不太习惯服从，对待家庭成员会比较笨拙，不太会撒娇或依赖主人。

西伯利亚雪橇犬 Siberian husky

***性情：**友好、温和、机警、开朗、平易近人*

***养护：**中等难度*

西伯利亚雪橇犬就是我们熟知的哈士奇，它起源于亚洲东北部，由楚克奇人培育而成。随着环境的变化，楚克奇人必须扩大他们的狩猎范围，需要一种可以在寒冷的环境中长时间行走的工作犬来辅助他们，于是繁育出哈士奇。一直到19世纪以前，楚克奇人都保持着这种犬血统的纯正。1900年后，生活在阿拉斯加的美国人发现了这种工作能力极强的雪橇犬，该犬被毛皮商人带回美国，参加各类比赛和犬展，成为举世闻名的拉雪橇竞赛的冠军犬，并受到英格兰乃至整个欧洲的青睐。

形态 西伯利亚雪橇犬体型中等，步伐轻盈，身手敏捷，肌肉强健，公犬和母犬之间气质区别较大。公犬身高54~60厘米，母犬身高51~57厘米，公犬体重21~27千克，母犬体重16~23千克。头顶微圆，额段棱角分明；耳朵大小适中，较厚，竖直，呈三角形。眼睛呈杏仁状，大小中等；鼻子呈灰色、棕褐色、黑色，前端不突出；嘴唇颜色较深，双唇紧闭，牙齿呈剪式咬合。颈部呈拱形，长度适中，走动时颈部伸长；胸部较深，可与肘部齐平；背部肌肉强健，背线水平，长度适中；腰部肌肉结实强健；腹部上收；髋骨垂直于脊椎；尾巴像狐狸，尾根较高。前肢笔直，后躯大腿肌肉强健，膝关节处微曲，足部呈卵圆形，大小适中，脚垫厚实饱满。被毛为双层，下垂，柔软浓密，上层直，平滑，质地不粗糙也不柔软。

间距较小，耳根较高，耳朵背部呈拱形
眼睛颜色为棕色、蓝色，也有部分为两种颜色混合
毛色为黑色、白色
由于性格过于乐观，狗狗在走丢找不回家时，可能会随便找个舒服的地方露宿，不再费心费力找寻回家的路，主人在饲养过程中需特别留意，千万不要让它走丢，同时做好防范，为它准备狗牌，写上家庭住址和联系方式

原产国：俄罗斯 | **血统：**其祖先为生活在亚洲东北部的雪橇犬 | **起源时间：**19世纪以前

习性 西伯利亚雪橇犬温顺友好，活泼开朗，对主人非常信任，会积极主动完成主人交代的事情。热爱交际，对待人类和动物都比较友善，乐于沟通，喜爱运动和奔跑，具有较强的领地意识，开阔舒适的生活空间可使它心情舒畅，耐寒但不耐热。它非常乐观，身处困境时容易产生“怎样都好”的心态，因此也提升了训练它的难度。较喜吠叫。平均寿命为12~15岁。

养护要点 ❶西伯利亚雪橇犬需要定期梳理被毛，防止被毛打结、滋生细菌，预防皮肤病。❷它天性爱好运动，每天需要两次60分钟左右的户外锻炼，外出时记得准备足够的清水，为它补充水分。❸训练起来并不太困难，但它态度随意，主人一定要有耐心，不可随意打骂或态度忽冷忽热。❹它不耐热，到了夏天要注意提供凉爽舒适的生活环境，不能太过炎热，以避免中暑。

狗狗档案

别名：哈士奇

黏人程度	★★☆☆☆
生人友善	★★★★★
小孩友善	★★☆☆☆
动物友善	★★★☆☆
喜叫程度	★★★☆☆
运动量	★★★★☆
可训练性	★★★☆☆
御寒能力	★★★★★
耐热能力	★★☆☆☆
掉毛情况	★★★★☆
城市适应性	★★★½☆

品种标准

FCI AKC ANKC

CKC KC(UK) NZKC UKC

我属于无攻击性犬，与如狼的外表并不相称，在进入人类社会之前，我性情暴躁，有时又很胆小，神经过度敏感，情绪变化无常，但经过长期驯养，如今已经成为温和友好、幽默逗趣的宠物犬

典型的群居性犬种，每一个群体中都有森严的等级制度，通常以资历最长者为尊

体型：中等 | 体重：16~27千克 | 毛色：黑色、白色

伯恩山犬 Bernese mountain dog

性情： *自信、机警、温和、镇定、大方有礼、忠心耿耿*

养护： *容易养*

伯恩山犬具有高贵优雅的气质和古老的血统，名字源于它的产地伯恩。在瑞士四种山犬中，它的被毛细长如丝，光滑漂亮，与另外三种山犬一起在当地负责看护运输货物、看守牧场。两千多年前，伯恩山犬的祖先同入侵的罗马军队一起来到瑞士，繁衍生息的同时为当地人所用。但到了第一次世界大战前夕，这种犬几乎被当地人所遗忘，以至于1982年瑞士人试图恢复该犬种时，为找到较好的伯恩山犬，花费了大把时间和精力，所幸最终如愿以偿。

耳朵大小适中，耳尖略圆
最引人注目的就是身上的三色被毛

形态 伯恩山犬体态匀称，肌肉结实，公犬与母犬气质存在较大差别。公犬身高64~71厘米，母犬身高59~67厘米，体重40~54千克。头骨顶部宽而平；耳朵呈三角形，耳根位置较高。眼睛呈椭圆形，颜色为深棕色；鼻子黑色；嘴唇干净，上下排牙齿呈剪式咬合。颈部长度适中，胸部宽且深，背线水平，背部宽阔结实，腰部强健，臀部较宽，尾巴下垂。前肢笔直，后躯大腿宽，膝关节微曲，足部呈圆形，脚尖呈拱形。被毛长度适中，厚实，有光泽，为直毛或呈波浪形。

原产国： 瑞士 | **血统：** 罗马军带到瑞士的某犬种×瑞士当地牧羊犬 | **起源时间：** 2000多年前

习性 伯恩山犬自信大方，性情温和，遇事镇定不慌乱，遇到陌生人靠近会保持冷静，沉着面对，机警坚定地站在原地不动。幼犬好奇心旺盛，活泼好动，成熟后彬彬有礼，淡定沉着。对主人和熟人非常热情、忠诚、执着地建立良好的沟通。对待幼童非常友善，能忍受幼童的顽皮，不会生气，胜任看管幼童的工作。耐寒，但不耐热。酷爱运动，不好斗，不喜叫，平均寿命为9~12岁。

狗狗档案

别名：伯尔尼兹山地犬

黏人程度	★☆☆☆☆
生人友善	★★★☆☆
小孩友善	★★★★☆
动物友善	★★★★☆
喜叫程度	⯪☆☆☆☆
运动量	★★★☆☆
可训练性	★★★★☆
御寒能力	★★★★☆
耐热能力	★★☆☆☆
掉毛情况	★★☆☆☆
城市适应性	★★☆☆☆

养护要点 ❶伯恩山犬需要每天进行两次户外运动，每次60分钟为宜，保证最基本的运动量能使它体魄强健，运动中要记得为它补充水分，出门前带好充足的清水。❷容易掉毛，要定期为它清理被毛。容易训练，训练中主人要注意控制训练量，不能让它感到疲劳，不可对它忽冷忽热。❸需要较大的生活空间，最好单独准备一个空间供它居住。❹夏天留意它居住环境的气温，以防中暑。❺常见疾病为髋关节疾病，养护中多加留意。

品种标准

FCI AKC ANKC

CKC KC(UK) NZKC UKC

体型：大型 | 体重：40~54千克 | 毛色：黑色带铁锈色和白色斑纹

大丹犬 Great Dane

性情：勇敢、友好、温顺、忠诚、值得信赖、不好斗

养护：中等难度

距今400多年前，大丹犬起源于培育了绝大多数优良品种犬的德国，以辅助人们工作。它的名字由法语“Grand Danois”而来，意为巨大的丹麦犬，当时大丹犬还有很多其他名字，如“德国獒犬”等。当时，它被公认为是大型犬中形态优雅、天性高贵的犬种。它的祖先可以追溯到公元前3000年，古埃及壁画上曾出现过与之极为相似的犬，关于其祖先最早的文字描述可以追溯到公元前1121年中国的文学作品中。

形态 大丹犬气质优雅高贵，肌肉壮硕，公犬和母犬有很大的气质差别。公犬身高77~82厘米，母犬身高72~77厘米，体重46~54千克。头部较长，呈长方形，轮廓分明；耳朵大小适中，贴近脸颊，向前弯曲，耳根位置较高。眼睛大小适中，凹陷，呈卵圆形，颜色较深，眼神机敏聪颖，眼睑较紧；鼻子为黑色，部分为深蓝色；牙齿洁白整齐，呈剪状咬合，上下颌骨不突出。颈部呈拱形，位置较高，较长，肌肉强健；肩部较宽；背部较短，背线水平；腰部较短；胸部宽且深；肋骨两边向外伸展；臀部宽，微倾斜，尾根较宽，位置高，下垂，可达跗关节。前肢笔直，前躯肌肉丰满，肩胛骨发育良好，前脚跟腱发育良好，微曲，后躯宽，脚跟较直，足部呈圆形，结构紧凑，笔直向前，不歪斜，脚尖呈拱形。指甲较短，质地硬，颜色深。被毛较短，厚实，光滑。

• 毛色分为斑点色被毛、黄褐色被毛、青灰色被毛、黑色被毛和杂色被毛五种

原产国：德国 | **血统：**与獒犬有联系 | **起源时间：**400年前

习性 大丹犬性格既开朗、温顺、友好，又忠诚、值得信赖，情绪稳定和勇敢，属于不好斗且较安静的犬。它感情丰富，体贴主人，喜欢舒适的生活，兴奋持续时间短，不会无缘无故地吠叫。虽然有点“笨”，但它在巡逻、警戒、防暴等方面有独特优势：一是体形高大，威慑力强；二是奔跑速度快，作风顽强；三是经过严格训练，注意力集中，且忠诚不二；四是扑咬力量大，追踪捕获罪犯的能力较强；五是有优秀的夜间工作特质。平均寿命为12~14年。

养护要点 ❶幼犬在成长过程中食量适当增加，每隔3~5天在原来基础上增加1/5的量，配狗食时可稍加一点盐。❷训练进度较慢，不要心急，由易到难，由简入繁，掌握好咬与逗的比例，少咬多逗，逗3~5次，咬一次；有条件时经常更换衣着或人员，与护卫现实接近，确保它的凶猛性稳步提高。❸常见疾病有心脏病、先天性失聪等，养护时多加留意。

狗狗档案

别名：大丹

黏人程度	★★☆☆☆
生人友善	★★☆☆☆
小孩友善	★★★☆☆
动物友善	★★★☆☆
喜叫程度	⯪☆☆☆☆
运动量	★★★★☆
可训练性	★★★⯪☆
御寒能力	★★★★☆
耐热能力	★⯪☆☆☆
掉毛情况	★⯪☆☆☆
城市适应性	★★★☆☆

品种标准

FCI AKC CKC

KC(UK) NZKC UKC

我四肢发达，体格健壮，有较好的耐力，但灵活性和接受能力与狼犬相比较差——主人的口令和手势，如果是狼犬3~5遍即可形成条件反射，我则需要重复6~10遍

体型：大型 | **体重**：46~54千克 | **毛色**：斑点色、黄褐色、青灰色、黑色、杂色

秋田犬 Japanese Akita

性情： *机智、勇敢、友善、温顺、忠心、有责任感*
养护： *中等难度*

秋田犬作为日本本土繁育的犬，被定为日本具有国家历史文物意义的七个犬种之一。它起源于17世纪早期，一位被流放至日本最北部秋田地区的爱犬贵族鼓励人们培育聪明能干且性情温和的大型犬，由此有了秋田犬。它结实强壮，用途广泛，可以耐受日本北部山区的恶劣环境，本性机智、勇敢、忠诚，在日本人眼中是完美的结合体。在日本家庭中，它也被视为身体健康的象征。

形态 秋田犬体型壮硕，肌肉发达，公犬身高67~72厘米，母犬身高62~67厘米，体重34~45千克。头部较大，宽阔，呈三角形；耳朵竖直，呈三角形，耳根较高、宽，耳尖较圆。眼睛呈三角形，深陷，较小，颜色为深褐色；鼻子呈黑色，较宽；唇部呈黑色，不下垂，舌头为粉红色，牙齿呈剪状咬合或水平咬合。颈部较短，背脊突出，胸部宽、深，肋骨伸展，腰部水平，肌肉厚实强健，尾根位置较高，尾巴大，被毛直。前肢笔直，骨骼发育良好，后躯大腿肌肉丰满，于膝关节处微曲，后肢较长，足部呈猫爪形，脚垫厚实饱满。被毛分为两层，下层柔软浓密，较短；上层被毛直，较粗，质地偏硬。

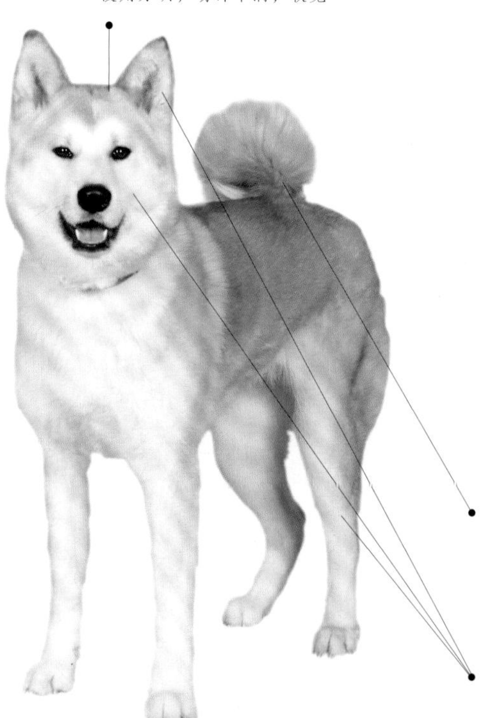

颅骨两耳之间处较宽、平坦，额段棱角分明，吻部丰满，较宽

我行动敏捷，尾巴大且卷曲，与头部相呼应，尾巴丰满厚实，尾尖水平于背部或低于背部，下垂时长度可达后腿

头部、四肢和耳部的被毛较短，毛色以鲜艳干净、斑纹均匀为佳

原产国：日本 | 血统：具有国家历史文物意义的犬种之一 | 起源时间：17世纪早期

习性 秋田犬性格沉稳，温顺，感觉敏锐，易于训练而被人驯服。它勇敢、强壮，对主人极忠诚，情感丰富。它跑跳的步伐轻快有力，喜欢围绕在主人身边时刻护佑。平均寿命为10~12年。

养护要点 ❶秋田犬毛发虽短，每天也要进行梳理。它有一定野性，因其狩猎犬的本性，不可以常把它关在室内，必须带它出去奔跑、跳跃、散步等，让它获得足够运动量。❷从幼犬开始，就让它多与外面的犬和人接触，培养它对人宽容、友好的习惯，长期封闭饲养会让它对人产生过多戒备的心理和敌意。❸给它洗澡前先把缠结毛发梳开，洗澡水温度不宜过高或过低，一般在36~37℃为佳。❹它易得丝虫病，要注重犬舍的环境卫生，当在室外饲养时，要训练它养成不随地乱躺的习惯。❺其他常见疾病有过敏性皮炎、逐渐性视网膜萎缩、皮脂腺炎、犬疱疹病毒病等，养护中多加注意。

狗狗档案

别名：卡爱依努犬

黏人程度	★★★☆☆
生人友善	★☆☆☆☆
小孩友善	★★☆☆☆
动物友善	★★☆☆☆
喜叫程度	★☆☆☆☆
运动量	★★★☆☆
可训练性	★★★☆☆
御寒能力	★★★★☆
耐热能力	★★★½☆
掉毛情况	★★★☆☆
城市适应性	★★★★☆

品种标准

FCI AKC ANKC

CKC KC(UK) NZKC UKC

我在日本秋田地区北部多山且冬季十分寒冷的环境中被培育出来，耐寒本领极强，最擅长在雪地里寻找猎物

江户时代，为了培养武士精神而鼓励斗犬，我因而得到锻炼，变得勇猛，可以捕猎熊、鹿、野猪——尤其是体形最大最凶猛的野猪，野性本能较强

体型：大型 | **体重**：34~45千克 | **毛色**：几乎任何颜色

拳狮犬 Boxer

性情： *机警、自信、威严、聪明、活泼、温和*
养护： *中等难度*

拳师犬起源于16世纪，经过几百年的培育后，它发展到堪称完美的地步。16~17世纪描绘捕猎雄鹿和野猪的绘画中，犬有着同一特性，它们与拳师犬有关——不是与拳师犬有着共同的祖先，就是拳师犬的祖先。拳师犬的样貌与祖先相差极大，它虽产于德国，祖先却是源自中国西藏高原的一种古老斗牛犬。此外，它还有一些梗犬的特性。它最初是斗犬，19世纪中叶斗犬、斗牛被宣布为非法后，它才融入社会。

形态 拳师犬体型中等，躯体呈正方形，公犬身高58~64厘米，母犬身高54~60厘米，体重25~32千克。颅骨顶部呈拱形，枕骨不突出，双耳竖直。眼睛大小中等，颜色为深褐色，不突出也不内陷；面颊较平；鼻子较宽，呈黑色；吻部长宽比例得当，上唇较厚，双唇闭合整齐，牙齿之间距离较大。颈部较长，背部微斜，背线流畅，胸部较宽，肋骨呈拱形，腰部短，腹部上收，臀部向下倾斜，尾巴较短、上翘，尾根高。前肢笔直修长，后躯大腿较宽，后肢长，后脚跟垂直于地面，足部结构紧凑，脚尖呈拱形。被毛较短，光滑，富有光泽。

吻部与颅骨比例是否得当，
是头部好看与否的关键

原产国： 德国 | **血统：** 其祖先为中国西藏高原一种古老斗牛犬 | **起源时间：** 16世纪

习性 拳师犬有较强的自制力，机警，活力充沛，戒心强烈，易于训练并热爱工作，可训练为优秀的警犬、个人警卫犬、护卫犬、导盲犬。它是值得信赖的犬种，感情丰富，有很好的服从品性，忠诚并且不记仇，脾气温顺，喜干净整洁，十分适合家庭生活。注意让它保持充分的运动量，以保证最佳健康状态。它对陌生人警觉性很高，经过良好训练后应对陌生情况自信、勇敢、沉着、冷静。寿命较短，一般不超过10岁。

养护要点 ❶拳师犬只要每天喂食一次必需量的食物，就完全不会挨饿，注意不能喂它咸鱼、虾干、腊肉、火腿及腌肉等盐分高的食品，在喂它鸡、鸭、鹅肉时，要把骨头剔除。❷它特别容易发胖，要协助它减肥：一是在固定的时间带它做运动，二是每天在固定的时间喂定量的食物，不可多喂，三是喂它低热量、低脂肪的食物，最好在食物中混入蔬菜。❸每天早晚用动物专用刷将它的脱落死毛刷去。保证它的住处干爽、空气流通，以预防皮肤病。❹散步后，用清水帮它抹身。常见疾病有过敏性皮炎、心肌炎等，养护中多加关注。

狗狗档案

别名：拳师

黏人程度	★★☆☆☆
生人友善	★★★☆☆
小孩友善	★★★★☆
动物友善	★★★☆☆
喜叫程度	★★☆☆☆
运动量	★★★☆☆
可训练性	★★★☆☆
御寒能力	★★★☆☆
耐热能力	★★★★☆
掉毛情况	½☆☆☆☆
城市适应性	★★★★½

品种标准

FCI AKC ANKC

CKC KC(UK) NZKC UKC

一般来说，健康的拳师犬年老时仍充满活力

我喜好嬉闹，特别喜欢和小孩子在一起玩耍，高兴的时候，全身会不断地摇晃，对一起玩乐的孩子非常有感情，是儿童的最佳玩伴之一

毛色有浅黄褐色带斑纹、浅棕褐色、红褐色，部分带有白色斑纹

体型：中等 | **体重：**25~32千克 | **毛色：**浅黄褐色带斑纹、浅棕褐色、红褐色

杜宾犬 Doberman Pinscher

性情： *勇敢、严谨、镇定、机警、忠诚、温顺、活力充沛*
养护： *中等难度*

杜宾犬起源于1890年德国图林根的阿波尔达，名字来源于当地的路易斯·杜宾——一位征税员，他想养一条凶猛的犬来保护自己执行任务时的安全，便培育了一条具有罗威纳、曼彻斯特犬、波瑟隆犬与灰狗等优点的超级犬。1900年，该犬种正式被官方承认。它最初作为工作犬问世，不惧怕生人，直觉敏锐，随时保持机警，保卫主人及财产。它给人以训练有素、机警强健、聪明敏捷的印象，气质独特，外表简洁优雅，赢得了众多不同国家人民的青睐。

形态 杜宾犬躯干呈方形，体型较大，公犬身高67~72厘米，71厘米为理想身高，母犬身高62~67厘米，66厘米为理想身高，体重30~40千克。头部较长，呈楔形；耳朵竖直，耳根上缘平行于颅骨顶部；眼睛呈杏仁状，颜色有多种，棕色系较为常见；鼻子呈黑色，部分为深棕色、深灰色或深棕褐色；唇部与颚部紧贴，牙齿呈剪状咬合。颈部高抬，呈拱形，肌肉发育良好，肩部为躯干最高点，背部宽、短，背线笔直，胸部宽且深，可达肘关节，突出，肋骨两侧伸展，臀部肌肉发达，宽，腹部上收，多为断尾。前肢笔直，骨骼发育良好，前脚跟垂直于地面，后肢长且宽，肌肉丰满，于膝关节处微曲，足部呈拱形，结构紧凑，似猫爪，方向向前。被毛光滑紧凑，短且厚实，质地偏硬，颈部下方的灰色内层被毛有时会外露。

肌肉结实，身体结构紧凑，姿态高贵优雅，充满傲气
毛色有黑色、红色、蓝色、浅黄褐色

原产国： 德国 | **血统：** 祖先为老式短毛牧羊犬、罗特威尔犬、黑褐色梗等 | **起源时间：** 19世纪末

习性 杜宾犬本性大胆、坚决、敏感、果断、好撕咬，攻击力强，有流线型的体型、惊人的体重和力量，工作时动作迅猛、充满爆发力。它天生聪明，感情丰富，经训练可成为忠实的伴侣。家庭养护需要大的居住空间和户外空间。它能够耐热，但因被毛短而惧怕寒冷。非常适合在城市生活，但不容易与别的犬相处。平均寿命为10~14年。

养护要点 ❶为预防外界袭击和直接制止犯罪行为，对杜宾犬的扑咬训练要从小开始，有目的、有步骤，严格把关，使其凶猛、迅捷地完成工作需要的指令性扑咬。❷家庭饲养时为抑制它潜在的攻击性，养护者要严加管理，耐心训练。❸它需要足量运动，以保持勇猛英姿，要经常带它去户外活动。❹给它做立耳手术，最佳时期是幼犬两个月、体重达6千克以上，太大或者太小手术的危险性会增高。❺它的被毛不需要经常梳理，但喜欢主人用毛巾或刷子为其美容，剪掉松散毛发，梳理或擦洗，再用毛巾擦干，涂羊毛脂需适量。❻有不少特有的遗传性疾病，繁殖上要严格筛选，不可轻易自行繁殖。

狗狗档案

别名：笃宾犬

黏人程度	★☆☆☆☆
生人友善	★☆☆☆☆
小孩友善	★★★☆☆
动物友善	★★★☆☆
喜叫程度	★★☆☆☆
运动量	★★★★☆
可训练性	★★★★★
御寒能力	★★★☆☆
耐热能力	★★★½☆
掉毛情况	★★★☆☆
城市适应性	★★★★½

品种标准

FCI AKC ANKC

CKC KC(UK) NZKC UKC

我是强壮有力的犬种，可作为有卓越工作能力的搜索犬、警卫犬、狩猎犬和牧羊犬

家庭养护我，应营造与其他犬只和平共处的氛围，主人要熟悉我的习性，让我主要担当护卫工作

体型：大型 | **体重**：30~40千克 | **毛色**：黑色、红色、蓝色、浅黄褐色

大白熊犬 Great Pyrenees

性情： *自信、勇敢、独立、沉着、忠诚、温和、感情丰富*
养护： *中等难度*

大白熊犬也被称作比利牛斯山犬，是非常古老的犬种，它的化石经检验可确定为青铜器时代，即公元前1800～前1000年。一说它起源于中亚或西伯利亚，后与雅利安人一起迁徙到欧洲；一说因在波罗的海和北海海岸发现了獒犬的化石，所以推断它为獒犬的后代。中世纪之前，它一直生活在高山上，17世纪才作为宫廷护卫犬出现并逐渐为世人熟知。

形态 大白熊犬身体比例协调，公犬身高69~82厘米，母犬身高64~75厘米，体重45~60千克。头部呈楔形，耳朵呈V字形，大小适中；眼睛大小适中，呈杏仁状，微倾斜，深棕色；鼻子呈黑色；牙齿呈剪状咬合或水平咬合。颈部长度适中；躯干较宽，背线水平，肋骨两侧伸展，腰部较宽，腹部上收，臀部向下倾斜，尾根位置较高。前躯上腕与肩胛骨长度相同，前肢笔直，前脚呈圆形，后躯大腿肌肉厚实强健，后脚跟与地面垂直。被毛为两层，外层较粗，长且厚实，下层似羊毛，浓密。

原产国： 不详 | **血统：** 其祖先为獒犬 | **起源时间：** 公元前1800~前1000年

习性 大白熊犬身体健壮，生性具有攻击性，曾出现在战场和各种搏斗中，家庭养护时不要激发它的凶猛本性，不要随便让陌生人抚摸它。它对家庭生活适应性良好，却不属于室内犬，而需要较大的生活空间和足够的运动量。别看它体型较大，寿命仅有9~12年，所以拥有一只大白熊犬一定要善待它。

养护要点 ❶大白熊犬是长毛犬种，身上潮湿时不易干，洗完澡要完全吹干。❷定时定量喂食，食物中不要有骨头或鱼刺以免划破肠胃。❸使用引导式训练法训练它，主人要耐心地积极引导，直到它做出正确反应；它如果排斥训练，也可以使用强制性方法，不可过于娇惯；食物、玩具是提高它训练兴趣的道具，主人要赏罚分明、及时，通过训练使它性格稳定。❹室内外的温度变化突然或温差较大时，它容易感冒。❺常见疾病有感冒、皮肤疾病、肠胃不良等。

狗狗档案

别名：比利牛斯山犬

黏人程度	½☆☆☆☆
生人友善	★☆☆☆☆
小孩友善	★★☆☆☆
动物友善	★★★☆☆
喜叫程度	½☆☆☆☆
运动量	★★★☆☆
可训练性	★☆☆☆☆
御寒能力	★★★½☆
耐热能力	★★★½☆
掉毛情况	★☆☆☆☆
城市适应性	★★★½☆

品种标准

FCI AKC ANKC

CKC KC(UK) NZKC UKC

我有优雅的外形及雪白的毛色，有很高的颜值
我勇敢且力量大、耐力好，能够行动灵活地阻止捕食者靠近畜群
我护主心强烈，对保护对象温和、友善，极适合作为猎犬、牧犬、警犬和护卫犬

体型：大型 | 体重：45~60千克 | 毛色：白色

纽芬兰犬 Newfoundland

毛皮华丽美观，
平顺且高度防水
我体型巨大，威风凛凛，
看上去就像一只小熊

***性情：**温顺可爱，文雅柔和，极其忠诚*
***养护：**中等难度*

纽芬兰犬最早出现于加拿大东北部的纽芬兰地区，有人认为它是印第安野狗的后代，也有人认为它与拉布拉多犬血缘相近——纽芬兰和拉布拉多的海岸线紧邻，拉布拉多犬是优秀的游泳能手，能游到或当结冰时步行到达纽芬兰。它是真正的工作犬，在原产地被用做拉车和驮运货物，在陆地和水上都能工作。

形态 纽芬兰犬体形大，头颅巨大，颅骨宽大；耳朵较小，呈三角形，耳尖略圆；面颊丰满，眼睛较小，凹陷，呈深棕色，两眼距离大。鼻梁轮廓比较清晰。牙齿剪状咬合或水平咬合。颈部强壮，较长。背部强壮，肌肉丰满，直而宽。胸部深达肘关节部。臀部宽，稍微倾斜。前肢肌肉丰满，后肢直而相互平行。尾巴自然下垂，尾尖部稍卷曲。

原产国：加拿大 | **血统：**不详 | **起源时间：**19世纪中期

习性 纽芬兰犬性情甜蜜，不笨拙也没有坏脾气，聪明，高贵，富有爱心，适合与小孩做伴，喜欢主动帮助人或救人，不管对方是否愿意被“救”起。它城市适应性一般，不喜生活在狭小空间中，不喜叫，不会吵闹主人。能适应寒冷的气候。极其灵敏，可训性强，可训练成人类的好帮手、好朋友，帮助主人一起工作。平均寿命约10岁。

养护要点 ❶纽芬兰犬需要较大的活动量，不要在环境狭小的城市公寓中饲养，如果家里不宽敞，要经常带它出去活动一下。❷它活动量大，故需要大量的肉食营养补充。❸它怕热，应注意环境凉爽和被毛的定期梳洗，并宜修剪过长的被毛以保持整洁，但不可以修剪胡须。❹给它洗澡时，务必冲洗净毛皮上的肥皂等洗涤物质，否则易引起皮肤发炎感染。

狗狗档案

别名：纽芬兰

黏人程度	★★★★☆
生人友善	★★★★☆
小孩友善	★★★★☆
动物友善	★★★★★
喜叫程度	★☆☆☆☆
运动量	★★★★☆
可训练性	★★★☆☆
御寒能力	★★★★★
耐热能力	★★★★☆
掉毛情况	★☆☆☆☆
城市适应性	★★★★★

品种标准

FCI AKC ANKC

CKC KC(UK) NZKC UKC

在原产地，我一般被用来拖拉渔网，牵引小船靠岸，救援落水者；也被用来拖拉木料、递送牛奶和驮运货物

我是非常优秀的水上救援犬，1919年，一只前辈被授予金质奖章，因为它在一次海难中拖拉一只救生船，把20个落水者抢救到安全地区；第二次世界大战期间，先辈们也曾在阿拉斯加等地在暴风雪中给军队运送给养和弹药

我被毛丰厚，骨骼发达，肌肉丰满，有王者尊严和气质

体型：68~75厘米 | **体重**：45~70千克 | **毛色**：几乎任何颜色、斑块或斑点

萨摩耶犬 Samoyed

性情： *机警、耐寒、健壮、易训练、和善、沉稳、高贵文雅*
养护： *中等难度*

一支弱小部落自伊朗高原，经古中国西部，抵达白海和叶塞尼河之间。冰雪的天然屏障和广阔的冻土带为他们提供了安全的栖息地，他们被称为萨摩耶人。西伯利亚苦寒之地的游牧生活、驯鹿、雪橇、冰雪，美丽却不浪漫。萨摩耶犬就是在这样的环境中，由这样的一群人驯养，帮助他们放牧驯鹿、牵拉雪橇，与萨摩耶人忠诚相伴。

形态 萨摩耶犬体型大，肩高48~59厘米，体重23~30千克。头部呈楔形，头盖平而宽广；两耳间隔较大；两眼分开较远，略微倾斜，呈杏核形状；鼻口部很长，鼻端黑色，萌趣十足；嘴唇黑色，嘴角上扬，微笑的表情高雅、温和、友善、亲切。背部肌肉发达，腰部力量强大，前肢很直，骨骼坚实，后肢肌肉十分发达。足长而平，被丛生的脚毛包裹，连肉趾上也有不少毛，脚趾分开。尾毛也丛生，尾巴运动时朝背上卷曲，机警状态时向旁边摆动，休息时柔和下垂。身体上端毛长而粗，因而直立，且边缘清晰可见银色的光泽；身体下端毛柔软、密实、厚积。

耳朵长有均匀密实的耳毛，直立状透着机警
眼睛颜色茶色至古铜色，与雪白毛色对比鲜明
胸部厚实，宽度适中
整体毛色为纯白色、浅黄色、白色稍带浅棕色、奶酪色、浅棕色

原产国：俄罗斯 | 血统：最接近原始的犬种 | 起源时间：远古游牧年代

习性 萨摩耶犬聪明而保守，文雅而活泼，友善而机警，忠诚而不过分好斗，不制造事端而有立场，热情而易于训练，热衷于服务，耐力持久。平均寿命为12~15岁，最长寿记录是34岁。2~5岁为壮年期，7岁以后走向衰老，10岁左右生殖能力丧失。

养护要点 ❶主人要视萨摩耶犬为友，多接触，多爱护，耐心饲养、护理和调教，切忌忽冷忽热。❷训练要有耐心，口令或手势要反复重复，逐步帮助它形成行为习惯。❸它犯了错误，惩罚要适度适时，不可过分溺爱。❹它喜爱奔跑，需要一定量运动，不可长期关在屋内使它丧失天性，但不要超负荷锻炼，以免造成不良影响。❺它毛厚，夏天主人要适当帮它剃除多余的毛；脚底毛和耳毛不用经常清理，可7~15天清理一次。❻常见疾病有过敏性皮炎、青光眼、糖尿病、脱毛症等，养护中多关注。

狗狗档案

别名：萨摩犬

黏人程度	★★☆☆☆
生人友善	★★★★☆
小孩友善	★★★★☆
动物友善	★★★★★
喜叫程度	★★★☆☆
运动量	★★★☆☆
可训练性	★★☆☆☆
御寒能力	★★★★☆
耐热能力	★★★☆☆
掉毛情况	★☆☆☆☆
城市适应性	★★★½☆

品种标准

FCI AKC ANKC

CKC KC(UK) NZKC UKC

我领域观念强烈，在“势力范围”内神气活现，到了陌生的地方显得局促不安，紧张、发抖，甚至流口水

萌萌傻傻的小萨，笑一笑能将世界融化

在漫无边际的雪原，萨摩耶犬生性喜群居，由一只头领带领

体型：中等 | **体重**：23~30千克 | **毛色**：纯白色、浅黄色、白色稍带浅棕色、奶酪色、浅棕色

萨摩耶犬一身雪白引人注目，是犬中最高冷帅气的一种。它身体健壮，奔跑速度很快，同时兼具亲和与优雅气质，开朗、沉稳又机警，双耳直立，嘴角向上弯曲，是最经典的“萨摩式微笑”，是出色的守卫犬、伴侣犬、展示犬及工作犬。它因亲切、高贵，常被誉为“微笑的天使”。

大瑞士山地犬 Greater Swiss mountain dog

性情： *勇敢、忠诚、机警、欢快、友善*

养护： *中等难度*

古罗马人带着某种大型獒犬到达阿尔卑斯山脉，它与当地犬交配，诞生了最早的后代——大瑞士山地犬。该犬生活在瑞士偏远地区，放牧牲畜，护卫家园，托运货物。在瑞士四种猎犬中，它是最古老的。瑞士以外地区对它了解甚少，加之19世纪末期它的工作逐渐被其他犬种或机械取代，它变得无足轻重。在1908年著名犬类学家艾伯特•赫姆带领爱犬者来拯救这个危在旦夕的古老犬种前，人们曾以为它已经灭绝。

体型硕大，肌肉强健有力，骨骼发育良好，是优秀的工作犬，早先用于拉车

形态 大瑞士山地犬体型硕大，公犬身高66~73厘米，母犬身高60~69厘米，体重36~59千克，躯体呈长方形。头部与身体比例协调；耳朵紧贴头部，下垂；吻部长度与颅骨相等。眼睛大小适中，不外突也不内陷；鼻子呈黑色；牙齿呈剪状咬合。颈部长度适中，皮肤紧致；胸部宽且深，胸骨微突；肩部较高；腰部宽；臀部较圆，宽且长；尾巴下垂，较长。前肢笔直，后躯大腿较宽，后肢于膝关节处微曲；足部呈圆形，脚尖微拱。被毛分为两层，外层被毛浓密，约4厘米长，下层被毛厚实饱满。

耳根位置较高，呈三角形，耳尖微圆

眼睛深棕色，眼睑呈黑色

原产国：瑞士 | 血统：大型獒犬最早的后代之一 | 起源时间：古罗马时代

习性 大瑞士山地犬精力旺盛，从早到晚不知疲倦，弹跳力很好，放牧和护卫畜群能力佳。体型和力量优势也使它成为优秀的拖曳犬。因遗传与本性特点，它需要大的活动场地，不适合狭小的城市空间。在家庭养护方面，平时注意观察它鼻部是否潮湿，眼与鼻是否有分泌物，皮毛是否有光泽，皮肤外观是否健康，即可判断爱犬是否健康。如果照顾得好，它可以陪伴主人10~11年。

养护要点 ❶养护过程中，要注意矿物质摄入，维持大瑞士山地犬庞大体型应该达到的身体机能。❷它具有较强烈的服从本能，日常训练要让它感受到主人的权威，因为主人的有力控制它会有安全感和归属感，从而心情愉快。❸训练它的命令要简短、干脆、有力，比如“过来”“坐下”“起立”“好”，注意对它的好表现不吝赞美之辞。

狗狗档案

别名：不详

黏人程度	★★★☆☆
生人友善	★★☆☆☆
小孩友善	★★☆☆☆
动物友善	★★★★☆
喜叫程度	★★☆☆☆
运动量	★★★☆☆
可训练性	★★★★☆
御寒能力	★★★★☆
耐热能力	★★☆☆☆
掉毛情况	★☆☆☆☆
城市适应性	★★★☆☆

品种标准

FCI AKC CKC

KC(UK) UKC

在四种瑞士山地犬中，我是体型最大的一种

当我抬高头颅远眺，竖起耳朵追寻声音的来源，动用灵敏的嗅觉捕捉气味时，我就是勇敢而机警、忠诚而安静的家庭护卫犬和伴侣犬

体型：大型 | 体重：36~59千克 | 毛色：墨黑色带铁锈色和白色斑纹

可蒙犬 Komondor

性情： *热情、敏感、顽固、机警、忠诚*
养护： *饲养难度大*

可蒙犬是匈牙利本土的三种工作犬种中最优秀的。它与某种大型长腿的俄国牧羊犬极相似，因为其祖先曾生活在俄国南部，后被匈牙利人发现并带回国。它不似普通工作犬，而是放牧犬的领导者，一般不会亲自参与放牧。从外表看，它有着一身漂亮的被毛，在人们最早发现它时，由于长期野外生活，它显得很不整洁。好在它并不排斥人们为它塑造形象，后经常参加各类犬展。

外形可爱，骨骼和肌肉发育良好，是非常优秀的守护犬

前额圆，枕骨明显，向外突出，颅骨宽大，额段棱角分明

形态 可蒙犬体型硕大，公犬身高约71厘米，母犬身高约66厘米，体重36~61千克。头部较大，耳部呈三角形，尖部微圆。眼睛呈杏仁状，大小适中，轻微内陷；鼻子宽，黑色，鼻孔较大；牙齿呈剪状咬合或水平咬合。颈部长度适中，呈拱形；背部直；胸部宽且深；腹部上收；臀部宽；尾根向下倾斜。前肢笔直，后躯肌肉发达；足部呈拱形，脚趾紧凑，脚垫厚实饱满。被毛浓密，分为两层。

在不同年龄段被毛会发生变化，毛色有白色、奶油色、浅黄色，外层浓密卷曲，质感类似毡，内层柔软细密，为绒毛

原产国：匈牙利 | 血统：俄国某大型犬的后裔 | 起源时间：9世纪

习性 可蒙犬肌肉发达，体型巨大，却一点也不笨重，反而敏捷、轻巧，有令人惊讶的反应速度，尽职尽责地保护牲畜群和主人。它对陌生人冷淡，有时比较顽固，多数时间安静，可一旦感受到危险或威胁，就立即变得勇猛无比。平均寿命通常为10~12年。

养护要点 ❶可蒙犬不太会讨主人欢心，在情感方面要善待它。❷由于毛发的特殊性，它容易患皮肤疾病，养护过程中要注意毛发的清洁与护理。❸喂食要注意营养搭配均衡。❹训练它时要持续，尽量避免干扰与中断，要根据它的特点选择适当的训练方法，并控制好训练的节奏与指令要点。

狗狗档案

别名：拖把犬

黏人程度	★★★☆☆
生人友善	★★★★☆
小孩友善	★★★☆☆
动物友善	★★★★★
喜叫程度	★☆☆☆☆
运动量	★★★☆☆
可训练性	★★★★☆
御寒能力	★★★★☆
耐热能力	★☆☆☆☆
掉毛情况	★★★☆☆
城市适应性	★★★★★

品种标准

FCI AKC ANKC

CKC KC(UK) NZKC UKC

我被誉为牲畜守护之王，即使没有外援，也会非常认真地守卫羊群，时刻密切观察可能出现的危险状况，尽职尽责地让被守护的家庭与牲畜免遭狼、土狼、野狗或窃贼的侵害

无与伦比的白绒绳似的皮毛抵御着严寒，勇敢无畏的外形令人敬畏，似乎随时准备保护弱小生命

在广阔的草原上，我极少迷路，在没有主人命令时也能独立工作，在追捕猎物时，也不会远离守护者

体型：大型 | 体重：36~61千克 | 毛色：白色、奶油色、浅黄色

斗牛獒 Bullmastiff

***性情：**聪明、温顺、善良、无畏、自信、忠诚*

***养护：**中等难度*

斗牛獒据说起源于1860年的英国。在19世纪末，英国偷猎现象猖獗，国家虽然制定了相关法律条款，但并不能根除这类恶习。偷猎者为了逃避法律制裁，常会射杀猎场看守人。在这种情况下急需一种可以随时随地保护猎场看守人的动物，人们发现獒犬和斗牛犬可以相互补足，由此繁育出斗牛獒。

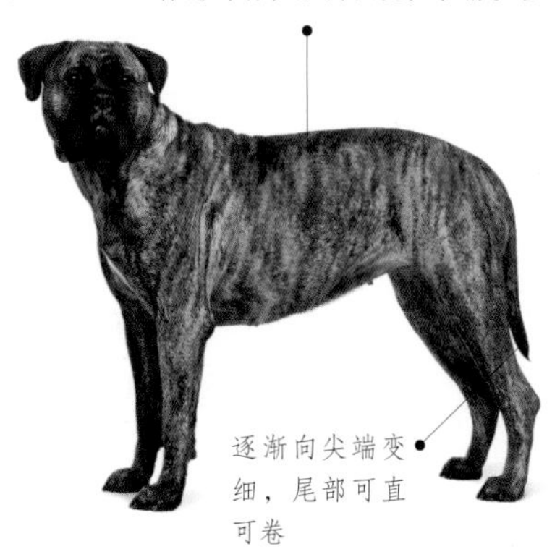
体态匀称，肌肉强健，表情机警
逐渐向尖端变细，尾部可直可卷

形态 斗牛獒体型较大，公犬身高64~69厘米，母犬身高62~67厘米，体重41~59千克。颅骨宽大，面颊带有皱纹，吻部宽且深。耳朵大小适中。眼睛大小适中，颜色较深；鼻子呈黑色。上唇微垂，颌骨水平咬合。颈部拱起，长度适中；躯干结构紧凑，背线笔直且水平，胸部宽且深，肋骨两侧向外伸展，背部较短，腰部宽大，腹部较深，尾根高且粗。前肢笔直，后躯较宽，后肢轻巧。足部大小适中，脚尖呈圆形，拱起，脚垫厚实饱满，指甲呈黑色。被毛短且浓密。

耳朵呈V字形，两耳间距较大，耳根高
毛色有红色、浅黄褐色、浅黄褐色带斑纹

原产国：英国 | 血统：獒犬×斗牛犬 | 起源时间：1860年

习性 斗牛獒样子吓人，其实也有温顺、友善和耐心的一面，喜欢与小朋友一起跑步、蹦跳、玩耍。它可以很快学会听从主人的指令，不乱跑，也不撒野，是家庭中不可缺少的伴侣犬。它适合城市生活，不怕冷也不怕热。在照顾斗牛獒方面，最好请教有经验的人士，如果照顾不周，它们的身体很容易变形，体能衰退。如果照顾得好，它的平均寿命通常为10~12年。

狗狗档案

别名：斗牛马士提夫犬

黏人程度	★★★☆☆
生人友善	★★☆☆☆
小孩友善	★★★☆☆
动物友善	★★★☆☆
喜叫程度	★★★☆☆
运动量	★★★☆☆
可训练性	★★★★☆
御寒能力	★★★☆☆
耐热能力	★☆☆☆☆
掉毛情况	★★★★☆
城市适应性	★★★★☆

养护要点 ❶斗牛獒可在公寓中养护，它体型大、本性好动，需要较大生活空间。❷用兽毛刷经常梳理被毛，保持顺畅光洁。❸每天进行两次户外慢跑，每次约30分钟，以获得足够运动量。❹对主人忠诚，训练要得法，如果主人对它敷衍塞责或三心二意，它会把利爪伸向不合理的训练者，伤害主人。❺照顾不周，它发起闷来有嗜睡的毛病。❻常见遗传疾病有髋关节发育不良、甲状腺机能减退等。

品种标准

FCI AKC ANKC

CKC KC(UK) NZKC UKC

我脾气暴躁，有凶猛本性，让那些试图侵犯主人财物与牲畜的动物与窃贼闻风丧胆，或品尝侵犯与偷窃恶果

我很丑，可是我很温柔

体型：大型 | **体重**：41~59千克 | **毛色**：红色、浅黄褐色、浅黄褐色带斑纹

藏獒 Tibetan mastiff

性情： *聪明、可靠、谨慎、坚强、忠诚、生机勃勃、对生人冷漠*

养护： *饲养难度大*

藏獒是起源于西藏的大型护卫犬，准确起源时间早已湮没在历史长河中。人们普遍认为它是大多数现代大型工作犬、所有马士提夫犬和山地犬的祖先。现在能够找到的关于它的最早书面记录是公元前1100年中国的记载。1800年以前，纯种的藏獒几乎全封闭式地生活在西藏，但它的后代们，比如马士提夫犬则跟随亚述人、波斯人、希腊人、罗马人、匈奴人和蒙古人去往欧洲。直到1847年，印度总督哈丁将一只藏獒赠予维多利亚女王，它才开始真正面向世界。

形态 藏獒体格强健有力，身形巨大，呈长方形。公犬身高不低于66厘米，母犬身高不低于61厘米，体重64~82千克。头部发育良好，耳根位置高。眼睛为深褐色，中等大小，呈杏仁状，略微倾斜，两眼间距较大；鼻子较宽，为黑色；嘴唇较厚，微垂，牙齿呈剪状咬合或水平咬合。颈部拱起，背线水平，胸部深，肋骨外张，腹部上收，臀部倾斜，尾巴中等长度。前肢笔直，骨骼和肌肉发育良好，有较短粗糙的羽状被毛；后躯强健有力，膝关节跗关节微曲；足部呈猫爪形，非常大，强壮，结构紧凑，脚趾之间长有羽状被毛，指甲为黑色或白色。被毛为双层，外层为保护性被毛，长且厚实，下层被毛柔软，冬天较厚实，夏天会变得纤细。

耳朵中等大小，呈V字形，下垂且紧贴头部
颈部被厚实的鬃毛包裹
尾巴卷曲于背部，长有羽状装饰性被毛

原产国：中国 | 血统：大多数现代大型工作犬的祖先 | 起源时间：不详

习性 藏獒领地意识极强，对陌生人有敌意，对主人忠诚，气质刚强，力大勇猛，野性气息浓郁，让人望而生畏不敢轻易靠近。它动作敏捷矫健，耐力持久，警觉性高，记忆力又强，善于保护主人及其财物，被誉为忠心护主的“犬中之王”。它的吃相狼吞虎咽，爱争抢食物。它和西藏人一样，已经适应了低氧的环境，在低氧气浓度的高原上呼吸更舒服和顺畅。平均寿命10 ~ 15年。

养护要点 ❶藏獒喜运动，每天要在空间大的户外场地或空旷草地上奔跑和散步，喜欢同伴之间追逐玩耍，晒太阳还可以促进它的骨骼发育。❷它对季节变化敏感，5月大量换毛，5周左右彻底换完，以适应炎热夏季，换毛季节要经常为它梳理毛发。❸在较冷天气里它需要喝更多水来保证身体的新陈代谢，寒冷季节给它喂水时水温不能过低。❹如果藏獒随地大小便，可能是生病了，需带它看兽医。

狗狗档案

别名：獒犬

黏人程度	½☆☆☆☆
生人友善	★★☆☆☆
小孩友善	★★☆☆☆
动物友善	★★★☆☆
喜叫程度	½☆☆☆☆
运动量	★★☆☆☆
可训练性	★★★☆☆
御寒能力	★★★½☆
耐热能力	★★★½☆
掉毛情况	★☆☆☆☆
城市适应性	★★½☆☆

品种标准

FCI AKC ANKC

CKC KC(UK) NZKC UKC

我尊贵而高傲，被形容为“体大如驴，奔驰如虎，吼声如狮，仪表堂堂”

我没有固定的睡眠时间，随时随地都打个小盹，睡觉时喜欢把嘴巴埋在下肢里，侧卧，一面保护鼻子，一面观察周围

体型：大型 | **体重**：64~82千克 | **毛色**：黑色、棕色、蓝灰色、棕红色、铁包金

罗威那犬 Rottweiler

性情： *聪明、平和、自信、勇敢*

养护： *中等难度*

罗威那犬可能是古罗马一种本地犬的后代，但并无明确记录。它从罗马牧羊犬演变为如今这副模样的源头是罗马皇帝想征服欧洲。最初它驱赶被罗马军队当作军粮的牲畜。公元260年，斯比亚人战胜了罗马人并将他们赶出阿诺芙拉维亚，但罗威那犬却留了下来。后来，在德国古镇罗威那，当地屠夫繁殖该犬种用于防卫，它因此被称为“罗威那屠夫犬”。

形态 罗威那犬体型较大，公犬身高62~71厘米，母犬身高57~64厘米，体重38~59千克。头部大小适中，两耳间距较宽，耳朵大小适中，呈三角形，下垂。眼睛呈杏仁状，不外突也不内陷；鼻子根部较宽，向前逐渐变细，颜色为黑色；嘴唇呈黑色，牙齿强健，呈剪状咬合。颈部长，没有皱纹；背线水平，胸部宽且深；肋骨两侧向外伸展；腰部较短；臀部宽，长度适中；腹部上收，尾巴较短，兴奋时尾尖上翘。前肢笔直强健，前脚跟富有弹性，后躯大腿长、宽，后肢于膝关节处微曲，小腿长且宽；足部呈圆形，脚尖微拱起，脚垫厚实饱满，指甲短。被毛分为两层，外层长度适中、直、质地偏硬，浓密平滑，内层多位于大腿和颈部。

前额为拱形，额段轮廓分明，上下颌骨发育良好
毛色有黑色带铁锈色斑纹、桃木色带斑纹

原产国： 德国 | **血统：** 古罗马一种本地犬的后代 | **起源时间：** 中世纪

习性 罗威那犬同家庭成员和睦相处，喜欢与孩童玩耍，是非常棒的玩伴。很忠诚，听从、服从主人，不要求主人时刻关心自己，却渴望能陪伴主人，会跟在主人身边走来走去。分辨事物的能力强，聪明，可以进行严格的训练并拥有机警的天性，对恶意入侵者有攻击性，可谓优秀的警犬、守卫犬。领地意识较强，爱争抢衔取，注意力可高度集中。喜叫程度中等。平均寿命为10~12年。

养护要点 ❶罗威那犬需要定期梳毛、清洗身体，防止因为打结积灰引发皮肤过敏。❷运动量较大，需要每日户外运动，外出时准备充足的净水。❸需要从小严格训练，以免长大后不听话甚至攻击人，用心调教，切忌无故打骂，多巩固、多练习，形成条件反射后才算达到目的。❹平时注意调整对它的心态，以免让其承受过大的压力。❺它比较容易兴奋，且持续时间比其他犬类长，主人要特别耐心，付出更多时间陪它玩。

狗狗档案

别名：罗特韦尔犬

项目	评级
黏人程度	⯪☆☆☆☆
生人友善	★☆☆☆☆
小孩友善	★★☆☆☆
动物友善	★★☆☆☆
喜叫程度	⯪☆☆☆☆
运动量	★★★☆☆
可训练性	★★★☆☆
御寒能力	★★★⯪☆
耐热能力	★★★⯪☆
掉毛情况	★★★☆☆
城市适应性	★★★★☆

品种标准

FCI AKC ANKC

CKC KC(UK) NZKC UKC

我聪明自信、稳重平和，勇气和力量超群，沉稳冷静和丰富的感情使我非常适合做伴侣犬
我给人的感觉是强健有力，身体粗壮

体型：大型 | **体重：**38~59千克 | **毛色：**黑色带铁锈色斑纹、桃木色带斑纹

西班牙水犬 Spanish water spaniel

性情：勇敢、灵敏、快乐、性情平和
养护：容易养

眼睛颜色为从淡褐色至棕色
身体微折，富有弹性

西班牙水犬起源于约公元1110年，祖先生活在古代伊比利亚半岛，除了看家护院、放牧牲畜，它还帮渔民完成一些水中作业，既是牧羊犬也是拾鸭犬。它酷爱游泳，可在水中轻松拾取任何东西，可以猎鸭或潜水捕鱼。它不仅是渔民的好帮手，也是合格的伴侣。如今它是西班牙常见的水猎犬，身兼数职、能力出众，有时还会投入救援工作，用于灾害救助。

形态 西班牙水犬体型中等，公犬身高40~50厘米，体重16~20千克；母犬身高38~45厘米，体重12~16千克。头部骨骼发育良好，颅骨较平、扁，耳朵呈三角形，下垂，贴近脸部。眼部倾斜，鼻子与被毛颜色相同。身体结实，颈部较短，没有赘肉和皱纹；胸部较深，肋骨发育良好；臀部略微向下倾斜；背部强健，背线水平且直；腹部轻微上收；四肢有力；足部呈圆形，脚趾并拢。被毛似灯芯绒，卷曲。

体态匀称，外表可爱，嗅觉、视觉及听觉发达
质地似羊毛，较为柔软，被毛较长时可能会形成较粗的被毛
尾巴分两种情况，一种为天生较短，另一种需要断尾，通常情况下会在尾椎骨中截取2~4节

原产国：西班牙 | **血统：**祖先为生活在西班牙南部的牧羊犬 | **起源时间：**约公元1110年

习性 西班牙水犬性情平和，勇敢开朗，快乐，对主人极为忠诚，热爱家人，但对孩童缺乏耐心，容易被触怒，对陌生人冷淡，对待其他犬温和。学习能力优秀，可以迅速掌握简单的训练内容。快速适应城市生活，所需生活空间大，每天需要大量运动，运动对它来说，与其说是喜爱，不如说是需要发泄，长期不运动会变得心情郁闷。耐寒。喜叫程度适中。平均寿命为10~14岁。

养护要点 ❶西班牙水犬需每周梳毛2~3次。❷喜欢运动，除了奔跑还可以下水游泳，注意补充水分。❸训练时注意内容得当，不要太繁复和太过单调，赏罚分明。❹冬天无需特意为它购买过冬用的衣物。❺平日训练注意不要让它对陌生人吠叫。❻它不讨厌孩童，但没有耐心，家中有小孩时需注意。

狗狗档案

别名：西班牙水猎犬

黏人程度	★★★☆☆
生人友善	★☆☆☆☆
小孩友善	★☆☆☆☆
动物友善	★★★☆☆
喜叫程度	★★½☆☆
运动量	★★★★☆
可训练性	★★★☆☆
御寒能力	★★★★☆
耐热能力	★☆☆☆☆
掉毛情况	★★★☆☆
城市适应性	★★★★☆

品种标准

FCI AKC KC(UK)
NZKC UKC

我继承了祖先灵敏的反应能力，喜爱在水中捕猎嬉戏，被称作万能工作犬，可以胜任许多工作，遇到灾祸时会主动救助人类，还可以看家护院

体型：中等 | **体重**：12~20千克 | **毛色**：白色、黑色、棕色、白色加黑色、白色加棕色

圣伯纳犬 Saint Bernard

***性情：**温顺、平易近人、善良、友爱*

***养护：**中等难度*

关于圣伯纳犬起源的说法有很多，最令人信服的是在公元1~2世纪，一种大型的亚洲莫洛瑟犬与罗马军队一起到达瑞士，与当地土犬交配，便有了圣伯纳犬。在之后的几个世纪里它被用于放牧和拉车。

1660年，圣伯纳犬开始在阿尔卑斯山附近的收容所工作，它们在陪伴收容所中的僧侣的同时，因可以在雪地中认路、找寻迷路的人，而拯救了2000多人的生命。在之后几个世纪里，圣伯纳犬与多种犬杂交，出现了长毛与短毛两种，逐渐遍布英国和欧洲大陆。

鼻孔张开，呈黑色

形态 圣伯纳犬表情聪慧机智，体型庞大，身体结构匀称。公犬身高高于71厘米，母犬身高高于66厘米，体重59~81千克。颅骨宽且大，耳朵大小适中，耳根较高。眼睛深棕色，鼻子较宽，嘴唇黑色，牙齿呈交错式或水平咬合。颈部高，背部肌肉丰满，胸部呈拱形，背部宽阔，背线直，腰部直，臀部向下倾斜，尾巴长且粗，较大，自然下垂。上臂肌肉发达，前肢笔直，后躯腿部肌肉丰满，足部宽。被毛浓密，较短，富有韧性，平滑饱满，质感并不粗糙，大腿处最为密集浓厚，尾根部分又长又密，尾尖处则相对稀少。

眼睛不外突也不内陷，眼神聪颖有神，友好温和
毛色有白色与深浅不一的红色相间、白色与棕色相间带斑纹
脚尖强健有力

原产国：瑞士 | 血统：大型亚洲莫洛瑟犬×瑞士某犬 | 起源时间：公元1~2世纪

习性 圣伯纳犬性情温顺，平易近人，对主人非常忠诚，可以和孩童友善相处，容忍孩童的顽皮，喜爱与其玩耍。它比较容易训练，需要大量的运动和干净整洁的较大生活空间，拥有强大的适应能力，能和新家庭相处融洽，快速融入。它的领地意识较强，无论野生还是室内饲养都对领地非常执着，对入侵者具有一定的敌意。平日里非常黏人，喜叫。平均寿命为8~10岁。

养护要点 ❶圣伯纳犬需要定期梳理被毛，防止毛发打结和细菌滋生。❷它需要主人关爱，非常黏人，主人一定要有耐心。❸它需要每日外出运动。耐得住严寒和酷暑，夏天没必要经常为其修剪被毛，适当修饰即可，冬天不需要刻意为它添置冬衣，保持被毛丰满浓密即可。❹具有极强的领地意识，会对闯入领地的陌生人和动物吠叫甚至发动攻击，有客人来时一定要注意提醒狗狗，对此平日需多加训练。❺在训练时要注意赏罚分明，不可无故责打，但它一旦犯了错误一定要及时纠正，不能过度溺爱。

狗狗档案

别名：阿尔卑斯山獒

项目	评级
黏人程度	★★★★★
生人友善	★★★★☆
小孩友善	★★★★☆
动物友善	★★★★☆
喜叫程度	★☆☆☆☆
运动量	★★☆☆☆
可训练性	★★★☆☆
御寒能力	★★★½☆
耐热能力	★★★★☆
掉毛情况	★☆☆☆☆
城市适应性	★★★☆☆

品种标准

FCI AKC ANKC

CKC KC(UK) NZKC UKC

上下唇对合不整齐，形成一条向上弯曲的弧线
我的户外运动方式不局限于奔跑、散步，主人可以为我准备一些小玩具，供我玩耍嬉戏，还要记得为我补充水分噢

体型：大型 | **体重**：59~81千克 | **毛色**：白色与红色相间、白色与棕色相间带斑纹

圣伯纳犬因阿尔卑斯山上的一座修道院而得名，从其名字的由来可以看出该犬能够适应寒冷的气候，具有极强的生命力，早期生活在野外时，主要以群居的方式生活，每个群体中都有严格的等级制度，由一只领头犬来管理支配整个群体。

狩猎犬

PART 4

148~185页

俄罗斯波索猎狼犬 Borzoi

性情： *热情、勇敢、镇定自若、精力旺盛、对主人亲热、对生人缺乏耐心*

养护： *饲养难度大*

14~15世纪沙皇统治时期，俄罗斯波索猎狼犬被用于猎取狐狸、兔子和狼。18世纪，在贵族们举办的大型狩猎活动中，经常可以见到它的身影。随着十月革命的到来，它作为贵族所养犬遭到了大范围屠杀，在俄国几乎无法生存。直到进入美国、欧洲的富豪家庭，它才找到了容身之地，并逐渐成为这些人身份的象征，也正是因此，该犬种才得以传承下去。

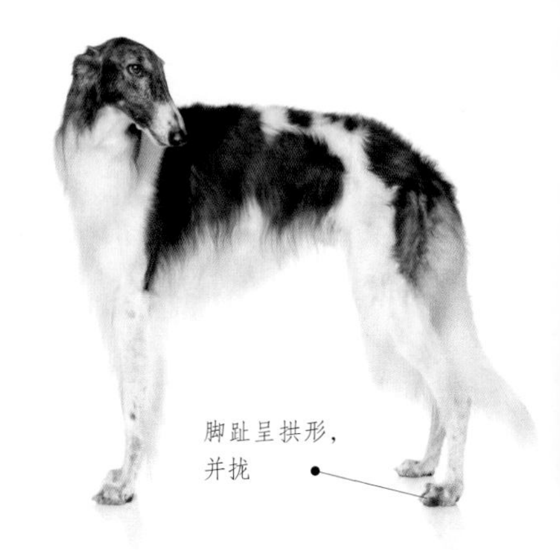

形态 俄罗斯波索猎狼犬姿态稳重，高大纤细，举止绅士优雅。公犬身高70~82厘米，母犬身高65~77厘米，体重27~48千克。头部长且窄，颅骨较平、扁，耳根位置较高，方向向后。眼睛较大，呈杏仁状，鼻子较小，呈黑色，吻部突出，较长、直。躯干细长，呈长方形，颈部较长，胸廓长且直，窄且平，背部肌肉厚实，臀部较长、宽阔，尾根较低。四肢修长。足部呈椭圆形，较窄。被毛呈波浪形，较长，质地柔软顺滑。

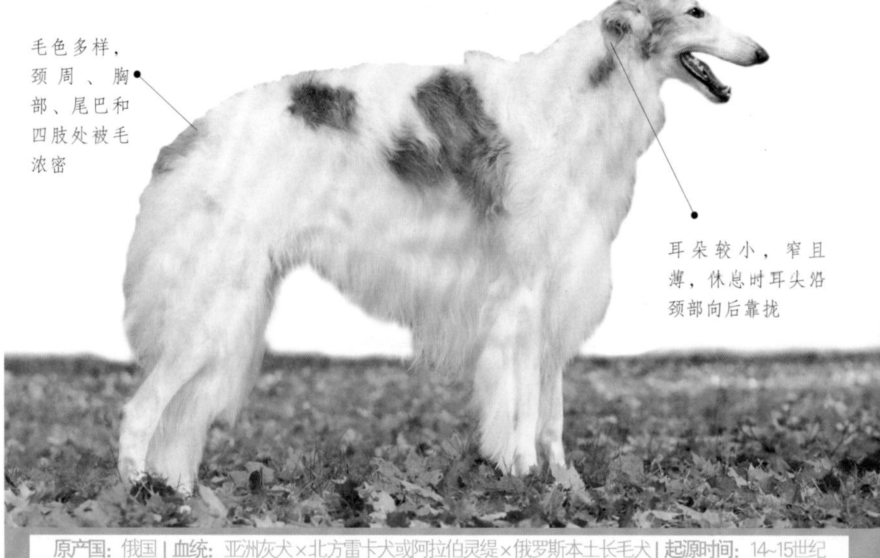

毛色多样，颈周、胸部、尾巴和四肢处被毛浓密
耳朵较小，窄且薄，休息时耳头沿颈部向后靠拢

原产国：俄国 | 血统：亚洲灰犬×北方雷卡犬或阿拉伯灵缇×俄罗斯本土长毛犬 | 起源时间：14~15世纪

习性 俄罗斯波索猎狼犬勇敢且热情，拥有旺盛的精力和出众的能力，喜欢与主人亲热，非常绅士，安静可爱，但对孩童缺乏耐心，感情丰富，偶尔会有些小顽固。平日里会有些黏人，非常害怕寂寞，基本不愿意独处。该犬具有双层被毛，非常耐寒，不喜炎热，到了夏天会主动寻找较为舒适凉爽的环境休息。该犬并不喜叫，遇事冷静镇定，对靠近的陌生人非常冷淡，偶尔还会怀有敌意。寿命为11~13岁。

养护要点 ❶需要经常为俄罗斯波索猎狼犬梳理被毛，防止打结滋生细菌，每周2~3次。❷平日多加训练、监督它，外出散步遇到小动物时一定要拉紧它以防它本能地捕捉。❸它每天需要大量的户外运动，以两次为宜，每次60分钟，外出运动时注意补充水分，防止缺水。❹训练时主人要富有耐心，温和细心地教导，犯错时严格指正，避免无故打骂，以免它变得缺乏自信。❺夏天要营造舒适凉爽的生活环境，让它在空调房里休息，避免阳光直射，准备充足的清水，防止中暑。

狗狗档案

别名：俄罗斯猎狼犬

黏人程度	★★★★☆
生人友善	★★★☆☆
小孩友善	★★★☆☆
动物友善	★★★☆☆
喜叫程度	★★☆☆☆
运动量	★★★☆☆
可训练性	★★★☆☆
御寒能力	★★★★☆
耐热能力	★★☆☆☆
掉毛情况	★★☆☆☆
城市适应性	★★★½☆

品种标准

FCI AKC ANKC

CKC KC(UK) NZKC UKC

体型：大型 | **体重**：27~48千克 | **毛色**：白色、金色的任何色调

早期,俄罗斯波索猎狼犬生活空间非常开阔，多用作追逐野兽，具有出众的视觉，因此非常执着于运动，热爱并善于奔跑，会主动要求出门玩耍，有时会心血来潮，去追逐其他小动物，这是它狩猎的本能，平日里会比较收敛，一旦本能被唤醒就会变得比较难控制。

寻血猎犬 Bloodhound

性情： *憨厚、忠诚、判断力强、温顺和善*
养护： *中等难度*

寻血猎犬可以追踪极弱的气味，这一点在早期意大利学者克劳迪亚斯·艾利恩尤斯于公元前3世纪编写的《动物历史》中可以得到证实，书中写到寻血猎犬的祖先极其擅长追踪气味。就算经过了几个世纪的繁衍、培育，现代寻血猎犬依旧继承了其祖先独特的寻物能力。它的具体起源时间成谜，人们只知道早在公元前它在地中海国家便已极具盛名，可谓指示犬中最古老的犬种。

眼睛内陷，颜色与被毛颜色一致，介于淡褐色到黄色之间

形态 寻血猎犬肌肉发达，骨骼发育良好，强健有力。公犬身高64~69厘米，母犬身高58~64厘米，体重36~50千克。头部稍窄，较长，两侧扁平，头骨长，前脸较长。耳朵较薄，耳根位置低。眼睛内陷，眼睑呈钻石形，下眼睑外翻。鼻孔发育良好。嘴唇周围带有皱纹，牙齿呈剪状咬合或水平咬合。颈部较长，肩部微向后倾斜，肋骨富有弹性，发育良好，胸部深陷于前肢之间，背部结实，腰部呈弓形，尾部呈锥形，长，尾根位置非常高，被毛丰厚浓密。四肢结实，肌肉强健，两两平行。被毛较薄，质地柔软蓬松。

耳朵质地偏软、长，下垂，于最末端向后微卷

胸部、尾尖、脚趾偶尔会掺杂少量白色被毛

原产国： 比利时、法国、英国 | **血统：** 为指示犬中最古老品种的代表 | **起源时间：** 不详

习性 寻血猎犬忠诚憨厚，性情温顺，待人和善，拥有准确且极强的判断能力和非比寻常的嗅觉，平日里狗狗会热衷于寻物游戏，态度非常认真投入。它拥有慈爱之心，不好斗，可以和其他犬种和睦相处，非常容易训练，可以顺利理解训练内容，较黏人，对主人非常亲切，责任心很强，同时心思细密敏感，可以和家中幼童友善相处。它可以适应寒冷的气候，但并不耐热，喜叫程度适中。平均寿命为10~12岁。

养护要点 ❶寻血猎犬较容易掉毛，需要定期为它梳理被毛，清理脱毛。❷它不耐热，夏天需要待在舒适凉爽的地方，外出时注意做好防暑措施，中午最热时不宜出门。❸它需要大量的运动，每天外出锻炼。要为它准备充足的清水，以免狗狗缺水。❹它在寻物追踪方面有天分并热衷于此，在为它选购用品时，可以买一些飞盘、皮球等让它进行寻物游戏。❺天气炎热时可以让它在水中嬉戏降温，它混有水猎犬的血统，会游泳，不怕水。❻适当地为它补充钙质，选购含钙类狗粮。

狗狗档案

别名：血缇

黏人程度	½☆☆☆☆
生人友善	★★★★☆
小孩友善	★★★★☆
动物友善	★★★★★
喜叫程度	½☆☆☆☆
运动量	★★★☆☆
可训练性	★★☆☆☆
御寒能力	★★★½☆
耐热能力	★☆☆☆☆
掉毛情况	½☆☆☆☆
城市适应性	★★★½☆

品种标准

FCI AKC ANKC
CKC KC(UK) NZKC UKC

我姿态高大威严，表情严肃睿智，气质高贵

毛色有黑褐色、赤褐色、红色，被毛颜色较暗者会混有獾皮毛色和浅色被毛，偶尔会带有白色斑纹

体型：大型 | 体重：36~50千克 | 毛色：黑褐色、赤褐色、红色

寻血猎犬身体里混有水猎犬的血统，可以在水中畅游，并追踪气味。有关该犬的嗅觉能力，有记录表明其可以追踪到220千米以外的猎物以及14天前的气味，是搜寻猎物的能手，对血液的气味非常敏感，因此该犬一旦选择要搜寻猎物，通常情况下在找到猎物之前是不会停止搜索的。

法老王猎犬 Pharaoh hound

性情： *聪明、友好、忠诚、贪玩、感情丰富*
养护： *中等难度*

在被驯化的犬中，法老王猎犬是最古老的，历史可以追溯到公元前7000年古埃及的记录中。由记录可知，古埃及的图特哈曼国王有一只名叫“阿布维缇约”的爱犬正是法老王猎犬。这只犬死后，图特哈曼国王命人以贵族礼制将它厚葬，并准备了大量陪葬品。到了公元前2000年，古埃及第十一代王朝，法老王猎犬被当作神圣的通信者。也是在这个时代，它被商人带到马耳他岛，开始面对崭新的生活。

形态 法老王猎犬体型适中，公犬身高59~64厘米，母犬身高54~61厘米，体重20~25千克。头部呈楔形，轮廓清晰；耳根位置适中，不高不低，较宽。眼睛呈卵圆形，微陷；鼻子与被毛同色；前吻较长，下颌骨发育完备，牙齿呈剪状咬合。颈部较长，使头部高抬；腹部线条明显，呈直线；背部平滑厚实，修长有力，背线水平；肋骨内收，呈向上趋势；尾巴竖起，柔韧有力。前肢笔直，微倾斜，方向向后；后肢似羊腿，强壮有力；足部呈兔爪形或猫爪形。被毛较短，质地柔软，有时会竖起。

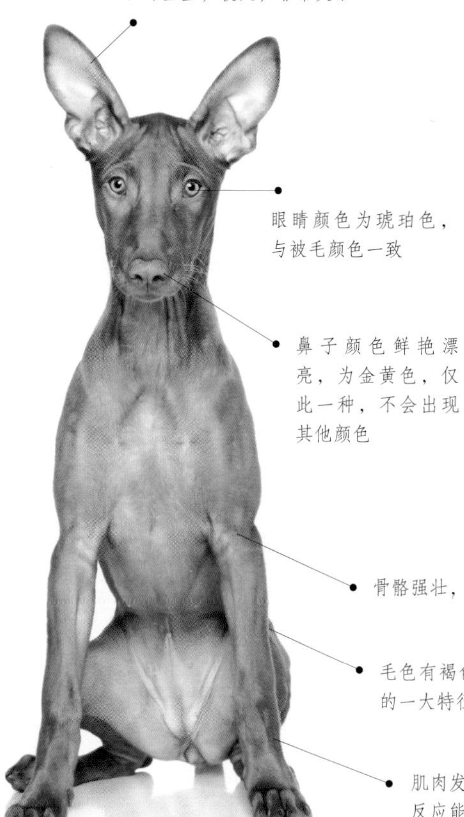
双耳竖直，较大，非常灵活
眼睛颜色为琥珀色，与被毛颜色一致
鼻子颜色鲜艳漂亮，为金黄色，仅此一种，不会出现其他颜色
骨骼强壮，迈步有力，方向笔直向前，不外翻也不内弯
毛色有褐色、栗色，胸部或腹部带有白色斑点是该犬的一大特征
肌肉发达，骨骼发育良好，躯干有力，具有灵敏的反应能力和极快的奔跑速度，是优秀的狩猎犬

原产国：埃及 | 血统：最古老的被驯化的犬 | 起源时间：公元前7000年

习性 法老王猎犬感情丰富，友好忠诚，聪明又有些贪玩，走路姿态平缓优雅。它拥有良好的视觉和嗅觉，感官敏锐，警惕性非常强。天性喜爱嬉戏玩耍，渴望得到主人关注，可和家中幼童友善相处并玩耍嬉闹。有些黏人，对生人和其他动物友善。喜欢较大生活空间，待在空旷干净的地方。因早先生活在埃及等炎热地区，非常耐热，也不畏惧寒冷。喜叫程度适中。平均寿命为12~14岁。

养护要点 ❶法老王猎犬不需要经常梳毛，本身也不怎么掉毛，保持毛发干净清爽即可。❷需要大量运动，每天都要出门锻炼，可以让它跟随自行车慢跑，出门前带足清水，夏天防止它缺水中暑。❸训练时需要有耐心，为它留出一些时间来理解和接受训练内容，不可操之过急和无故打骂，适当地鼓励它，赏罚分明。❹夏天要及时为它清理脚底短小的被毛和腹部部分被毛，助它散热，不要让它过度暴晒。❺被毛较短，每次修剪时适当地修饰即可，不可剪得太短或是剃光，以帮助它抵挡紫外线。

狗狗档案

别名：猎兔犬

黏人程度	★★☆☆☆
生人友善	★★☆☆☆
小孩友善	★★★☆☆
动物友善	★★☆☆☆
喜叫程度	★☆☆☆☆
运动量	★★★★☆
可训练性	★★★☆☆
御寒能力	★★★☆☆
耐热能力	★★★★★
掉毛情况	☆☆☆☆☆
城市适应性	★★★☆☆

品种标准

FCI AKC ANKC

CKC KC(UK) NZKC UKC

我拥有出色的捕猎技能，是杰出的猎手，可以和猎人默契相处，进入家庭后很容易和家庭成员培养出默契

情绪激动或开心时，耳朵和鼻子的颜色会向深玫瑰色转变

头骨后方发育完善，宽阔，漂亮，较大

体型：中等 | 体重：20~25千克 | 毛色：褐色、栗色、胸部或腹部带白色斑点

惠比特犬 Whippet

性情： *温顺、友好、聪明伶俐、平易近人、活泼、快乐*
养护： *中等难度*

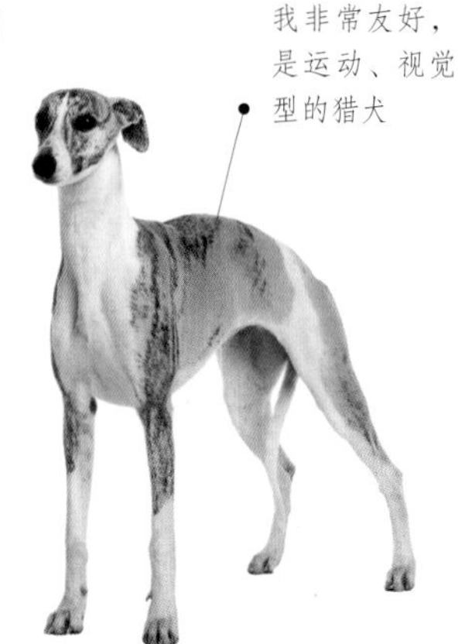
我非常友好，是运动、视觉型的猎犬

惠比特犬起源于100多年前。当时英国旧社会流行的斗牛、斗犬的热潮逐渐退去，上流阶层开始流行用小型灵缇围猎野兔、猎得数量最多者胜利的娱乐活动。最早投入使用的是英国小灵缇和许多小猎犬的杂交品种，后来许多商人为这种犬加入意大利灵缇的血统，经过改良形成惠比特犬。最初它被称作“猛咬龙”，猎兔项目叫做“猛咬龙猎兔”。从那时起，它便常被用于比赛。

形态 惠比特犬体型中等，公犬身高49~56厘米，母犬身高46~54厘米，体重11~18千克。颅骨较长，略微倾斜；耳朵呈玫瑰色，小且柔软；眼睛较大呈黑色；鼻子呈黑色，吻部长且有力；牙齿洁白坚固，咬合有力。颈部较长；背部结实宽阔，呈弓形；肩部较长，线条柔和；胸部深；肋骨富有弹性；尾部较长，紧贴于髋骨。前肢笔直，筋骨强健，适当弯曲；后躯较大，大腿较宽，后肢于膝关节处弯曲，肌肉扁平且长；足部发育良好，不歪斜、不扁平；脚垫厚实饱满，脚趾修长，呈弓形。被毛较短，细且浓密，质地光滑，质感较硬。

耳朵向后折向颈部，不会竖直
毛色无特殊，所有颜色均有，以单色或混合色这两种形式出现
尾巴向尾尖逐渐变细，运动时向上弯曲，但不会超过背部

原产国：英国 | 血统：梗类犬×小型灵缇 | 起源时间：约100年前

习性 惠比特犬性情温顺，温和体贴，情感丰富、气质高贵、头脑聪明，本性活泼快乐，机警灵敏且容易亲近，对生人和动物很友善。对主人非常忠诚，缔结深厚感情后会护卫主人安全。训练对它来说不算难事，可以快速掌握训练内容。它具有惊人的爆发力，奔跑时动作极其精简，速度极快，几乎每天都需要户外运动。不惧怕寒冷和炎热。爱叫。平均寿命为13~14岁。

狗狗档案

别名：猎兔犬

黏人程度	★★☆☆☆
生人友善	★★★☆☆
小孩友善	★☆☆☆☆
动物友善	★★★☆☆
喜叫程度	½☆☆☆☆
运动量	★★★☆☆
可训练性	★★★☆☆
御寒能力	★★★☆☆
耐热能力	★★★☆☆
掉毛情况	★★☆☆☆
城市适应性	★★★★½

养护要点 ❶惠比特犬需要保证每日100分钟的锻炼时长，早晚各需要外出锻炼一次，每次50~60分钟，出门前备足清水。❷被毛很短，不需要经常梳毛，隔一天梳理一次。❸它非常耐热，夏天不需要特地剃毛，适当修剪即可，被毛可以帮它抵挡紫外线，修剪时不可剪得太短。❹不要让它长时间待在炎热处，防止中暑。❺每隔3~5天为它清洗耳垢和牙垢。定期用温水清洗眼睛。❻多抽出时间陪它，对它有耐心。❼训练时对它有耐心，选择一些奔跑类项目，它热衷于提升自己的速度。

品种标准

FCI AKC ANKC

CKC KC(UK) NZKC UKC

气质优雅，身体健康，拥有发达的肌肉和结实的骨骼，是非常优秀的运动犬、狩猎犬

我有时会浑身发抖，这一举动是出于习惯，并非感到寒冷

体型：中等 | 体重：11~18千克 | 毛色：几乎任何颜色

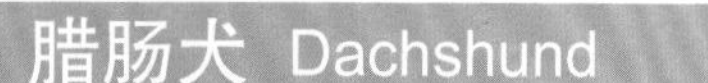

腊肠犬 Dachshund

性情： *聪明、活泼、勇敢、率直、坚韧*
养护： *中等难度*

在中世纪与狩猎相关的著作中，常提及腊肠犬是追踪、捕猎、搜寻的好手，最常见的桥段便是它追踪獾的洞穴，因此也被叫作猎獾犬。獾是腊肠犬极其强大的对手，重达11~18千克，当时腊肠犬的重量为14~16千克，现在它多在4~12千克。最初，它多用于猎捕狐狸和寻找野兔，17世纪早期分化为长毛腊肠犬和短毛腊肠犬两种，但并不影响狩猎能力。

形态 腊肠犬躯体呈长方形，身高18~23厘米，体重4~12千克。头骨呈弓形，向鼻尖方向逐渐变细，不宽阔也不狭窄；耳朵长度适中，靠近头顶，呈圆形；吻部呈弓形，额骨突出。眼睛大小适中，呈杏仁状，颜色为暗色；鼻子呈黑色；嘴唇较长，牙齿呈剪状咬合。颈部较长，呈弓形；背部与肩胛骨呈弓形；腰部线条较直；胸骨突出，呈椭圆形；臀部柔韧，较短；尾巴呈锥形。四肢肌肉强健，跗骨较短，垂直于小腿，后趾短于前趾。被毛分为光毛、长毛、硬毛三种：光毛犬被毛短且平滑，富有光泽；长毛犬被毛呈波状，光滑，颈部下方、前胸、耳部、腿部后侧被毛最长；硬毛犬被毛短且厚实，质地粗糙，内层有柔软绒毛，耳部、颌骨部位被毛较短。

四肢短，身体长，具有发达的肌肉和富有弹性的柔韧皮肤，身上皱纹较少，步态流畅，不会因四肢短而受限制

原产国：德国 | 血统：用于狩猎獾的犬 | 起源时间：中世纪

习性 腊肠犬性格活泼快乐，非常勇敢，聪明伶俐，坚韧率直，不会胆怯，有些“直肠子”，天性快乐，常做出滑稽举动。独立能力强，无需主人对它花费太多心思。对主人忠诚，服从性强，可以迅速理解指令并付诸实践。对待生人和其他犬种较友善，能和孩童和平相处。需要一定运动量，出门散步时非常活跃，回家后相对安静。肺部较大，叫声响亮，喜叫。平均寿命为12~17岁。

养护要点 ❶腊肠犬的梳毛频率视被毛种类而定，长毛型需经常梳理，光毛型和硬毛型无需太频繁梳理，保证毛发清爽干净不打结即可。❷所需运动量比其他狩猎犬小，但仍需每天外出散步，外出时注意补充水分。❸对生活空间大小没有特别需求，保证生活环境干净整洁即可，注意通风。❹耐得住寒冷与炎热，夏天避免长期高温日晒，并备足水，防止中暑；冬天注意防寒。❺常见疾病有白内障、糖尿病、犬过敏性支气管炎、尿结石等，养护中多加关注。

狗狗档案

别名：迷你腊肠

黏人程度	★★☆☆☆
生人友善	★☆☆☆☆
小孩友善	★☆☆☆☆
动物友善	★★☆☆☆
喜叫程度	★★★★☆
运动量	★★☆☆☆
可训练性	★★☆☆☆
御寒能力	★★★½☆
耐热能力	★★★☆☆
掉毛情况	★★★☆☆
城市适应性	★★★★★

品种标准

FCI AKC ANKC
NZKC UKC

我拥有灵敏的嗅觉和出色的追踪能力，早期被用来追捕獾类等穴居动物，因此喜欢刨土钻洞或追赶小动物，有时还会捕捉小鸟

我的性格常被认为与被毛种类有关，如长毛型更沉稳，不易兴奋

体型：小型 | 体重：4~12千克 | 毛色：红色、褐色、深黑色

比格犬 Beagle

***性情：**开朗、活泼、友爱、忠诚、善解人意、感情丰富*
***养护：**中等难度*

比格犬的起源时间不详，可以确定的是它最初的工作主要是狩猎兔子，所以也被称作猎兔犬。在伊丽莎白女王时期，英国的绅士们流行用猎犬狩猎。当时猎犬被按大小分为两类：大的一类负责猎鹿，叫作“猎鹿犬”；小的一类负责猎兔，叫作“猎兔犬”。一说比格犬的祖先可以追溯到罗马时代，但经鉴定这种说法并不可信；一说它为靠视觉捕猎的灵缇或靠嗅觉捕猎的寻血猎犬的后代。

兴奋时尾巴上举
颈部中等长度，喉部无喉结

形态 比格犬体型不大，肌肉强健，各个部位结构匀称，比例协调。身高33~41厘米，体重9~11千克。头骨非常长，枕骨呈圆形，颅骨较宽，吻部长度适中，颌骨较为平坦，耳根位置低，耳朵较长且宽。眼睛较大。鼻子不上翻，鼻孔较大，唇部下垂。颈部强壮，皮肤没有褶皱，肩部倾斜，胸部较宽且深陷，背部较短，腰部宽，呈弓形，肋骨富有弹性，肺部发育良好，尾根位置较高，尾巴较短且粗。前肢笔直，前腿骨骼长度适中，后腿肌肉发达，跗关节结实有力。足部紧凑呈圆形，脚趾有力，脚垫坚韧丰满。被毛浓密，质地偏硬，长度中等。

眼神坚定温和，富有神采
耳朵下垂，最低可达鼻部但不会超过鼻部，耳尖较圆
毛色有白、黑、肝、白茶、柠檬色等，多种多样

原产国：英国 | 血统：祖先为灵缇或寻血猎犬 | 起源时间：不详

习性 比格犬性格开朗活泼，天性善良，对待主人、陌生人或其他动物皆非常友善，可以包容家中孩童的顽皮戏弄，和他们友善相处，是非常理想的伴侣犬。它具有丰富的感情且善解人意，反应非常灵敏，忠诚可爱，大胆勇敢，极具亲和力，服从性强，比较容易训练，被人们喜爱。它每天需要一定的运动量。较易掉毛，可以适应寒冷和炎热的气温。非常喜叫，但叫声悦耳动听，并不尖锐。寿命在12~15岁之间。

养护要点 ❶尽量避免让比格犬与兔子接触。❷聪明，但本性好动，为训练增加了不少难度，主人在训练时要有耐心和信心。❸好奇心旺盛，顽皮，可能会撕咬或抓挠家具或一些小物件，饲养中要多加防范。❹叫声非常响亮，警觉性极高，遇到风吹草动就会大声吠叫，主人在饲养中要注意就此方面多加训练，让它克服这一“缺陷”。❺食欲旺盛，无论主人给它多少食物都一定会吃完，经常吃到肚子胀痛才会停下，饲养中多加关注，喂食定时定量。

狗狗档案

别名：米格鲁猎犬

项目	评级
黏人程度	½☆☆☆☆
生人友善	★★★★★
小孩友善	★★★★☆
动物友善	★★★★★
喜叫程度	★★★½☆
运动量	★★★☆☆
可训练性	★☆☆☆☆
御寒能力	★★★★☆
耐热能力	★★★★☆
掉毛情况	★★★☆☆
城市适应性	★★★½☆

品种标准

FCI AKC ANKC

CKC KC(UK) NZKC UKC

我有猎兔犬的别称，非常喜欢狩猎兔子，对其他动物则比较友善
后腿具有强大的推进力，于膝关节处弯曲

体型：小型 | **体重**：9~11千克 | **毛色**：白色、黑色、肝色、白茶色、白柠檬色

比格犬拥有灵敏的嗅觉，甚至被当成缉毒犬饲养，早先冠有“兔子杀手”的称号，该犬在见到兔子时非常兴奋，对其吠叫或直接追捕。该犬进入人类家庭的初期并不怎么受欢迎，原因主要是因其过于好动，训练起来有些难度。

东非猎犬 Saluki

性情： *忠诚、稳重、乖顺、聪明伶俐*
养护： *中等难度*

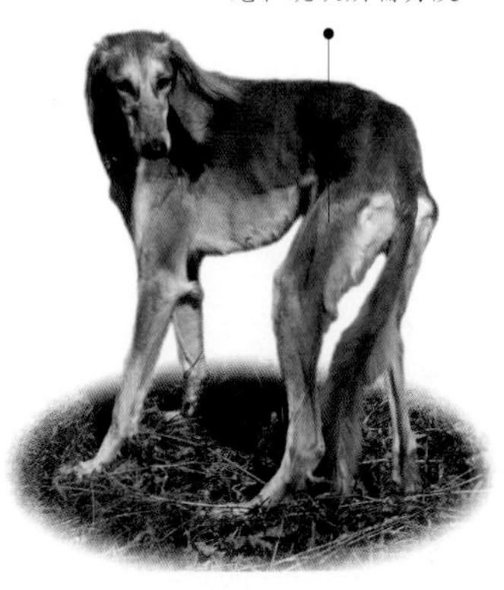
后肢主要用于提供奔跑和跳跃所需力度

东非猎犬是最早被驯化的犬种之一，在埃及是贵族犬。最早有关它的资料是在公元前7000~前6000年埃及人所制造的塑像，考古学家曾在公元前2100年的埃及古墓中发现过。它早期生活在埃及、巴基斯坦，样貌与灵缇相似，尤其是耳朵和体型。它奔跑速度极快，主要同猎鹰协作追捕羚羊。1840年，它被带往英国，很快融入了贵族狩猎圈，在当地负责捕捉兔子。

形态 东非猎犬公犬身高59~71厘米，母犬相对较矮，体重20~30千克。头部较长且狭窄，头骨后部较为宽阔；耳部长，两耳间距较大。眼睛较大，呈椭圆形，略微突出，颜色为栗色，明亮有神；鼻子有两种颜色，为黑色和琥珀色；牙齿发育良好，呈水平咬合。颈部直立修长；胸部深，略微狭窄；背部宽阔；腰部结实有力，被发育良好的肌肉所包裹；尾巴下垂，姿态自然，尾巴内侧长有较长的被毛。前肢上部肌肉发达，后肢肌肉发达，足部脚趾分开，但与猫爪并不相似。被毛光滑柔软，前后肢、耳部、头部、尾部皆长有较长的被毛。

气质高贵优雅，姿态深沉有礼，态度稳重自信，走路时头部高抬直视前方，肌肉丰满，骨骼发育良好，拥有足够狩猎一头羚羊的强壮体魄

耳朵可以被头部较长被毛所遮挡

毛色有白色、奶油色、金黄色、红色、棕色、棕黄色、黑色和棕黄色

原产国：埃及 | 血统：埃及的贵族犬 | 起源时间：公元前7000~前6000年

习性 东非猎犬性情温巧和顺，非常稳重，举止端庄大方，气质高贵优雅，礼貌自信，聪明伶俐，走路时目视前方，对主人非常忠诚。面对生人态度冷淡，对待孩童和主人非常热情，喜欢撒娇，寂寞或受到冷落会变得萎靡不振。身体素质极佳，所需运动量极大。狩猎欲非常强盛，需要严加看管和特别训练。可以适应寒冷和炎热的气候。喜叫程度适中。平均寿命为10~12岁。

养护要点 ❶东非猎犬需要经常梳理被毛，防止被毛打结，滋生细菌；需要定期洗澡。❷眼睛突出，需多加留意，将家中尖锐家具的边角包住，防止它玩耍中受伤；定期为它清洗眼睛。❸需要每天外出锻炼两次，每次60分钟，时间可以定在早晚，夏天中午不要出门，出门前要带足水。❹喜欢撒娇，较需要主人关爱，每当它兴奋时可以抚摸它的头以示安慰，训练时也可用此法给予它认可。❺常会追捕小动物，饲养中严加看管，尽量让它远离其他小动物。

狗狗档案

别名：阿拉伯猎犬

黏人程度	★½☆☆☆
生人友善	★★★☆☆
小孩友善	★★★☆☆
动物友善	★★★★☆
喜叫程度	★★☆☆☆
运动量	★★★★☆
可训练性	★★★★☆
御寒能力	★★★★☆
耐热能力	★★★★½
掉毛情况	½☆☆☆☆
城市适应性	★★★★☆

品种标准

FCI AKC ANKC

CKC KC(UK) NZKC UKC

我与17、18世纪英国贵族的爱好相同，狩猎欲很强，具有敏锐的视力和修长的四肢，拥有极快的奔跑速度和极佳的耐力，可以在荒野中快速奔跑，在沙漠地带狩猎羚羊，能够克服各种各样的恶劣环境

体型：大型 | **体重：**20~30千克 | **毛色：**白色、奶油色、金黄色、红色、棕色、棕黄色、黑色和棕黄色

阿富汗猎犬 Afghan hound

性情： *强壮、独立、高贵、自然、活泼、温和*
养护： *饲养难度大*

阿富汗猎犬的确切起源时间不明，19世纪时它被西方国家的人于阿富汗及周边地区发现，后来被英国军队带往英国，其中一部分在第一次世界大战前被带往美国。随后由于战乱，这种犬在西方国家完全消失，直到1920年才再次出现。根据颜色和部位的不同，该犬种被分为6种，这种多样性与阿富汗的文化多样性密切关联。它的主要用途是狩猎山鹿、羚羊、野兔等，靠视力追踪猎物，引领骑在马上的猎人。

形态 阿富汗猎犬公犬身高69厘米左右，母犬身高64厘米左右，体重21~29千克。头部中等长度，被顶鬃覆盖；耳朵较长，耳根与眼角在同一水平线上，下垂可达鼻底。眼睛呈杏仁状；鼻子具有罗马人的特征，大小适中，黑色；吻部长，唇部较平，牙齿呈剪状咬合。颈部呈弓形，长度适中；腰部呈弓形，强健有力；肋骨于两侧向下翻折；胸部深，中等宽度；尾巴呈环状，或于末端微曲，通常不会高于躯干。前肢直立，后躯臀部与跗关节之间距离较大，趾部呈拱形，脚趾宽且长，呈拱形，长有浓密被毛。被毛光滑密集，臀部、腹部侧边、后腿、肋骨部、前身皆覆盖浓毛。

身体转动时曲线优美，肩部到腰部之间背线均匀漂亮
外表高贵，气质不凡，昂首挺胸，目视前方，表情极具东方特征，丰富有趣

原产国：阿富汗 | 血统：现存最古老的猎犬犬种之一 | 起源时间：不详

习性 阿富汗猎犬性情温柔和顺，独立自主，具有强健的体魄和高大的身躯，高贵自然，沉稳，不骄不躁，活泼开朗，喜爱舒适良好的居住环境。它们曾经生活的地区环境非常恶劣，十分寒冷，因此它非常耐寒，同时又耐得住炎热，可以适应各种各样的环境变化。它需要每天外出运动。不黏人。不喜叫，不善沟通。对训练内容需要花一定时间才能理解。平均寿命为12~15岁。

狗狗档案

别名：阿富汗犬

黏人程度	⯪☆☆☆☆
生人友善	★★★★★
小孩友善	★★★★☆
动物友善	★★★★★
喜叫程度	★★★⯪☆
运动量	★★★☆☆
可训练性	★☆☆☆☆
御寒能力	★★★★☆
耐热能力	★★★★☆
掉毛情况	★★★☆☆
城市适应性	★★★⯪☆

养护要点 ❶阿富汗猎犬的被毛长且厚实，容易打结，需要每天梳理；适当修饰即可，不需要大幅度修剪被毛。❷运动量很大，需要每天早晚各外出锻炼一次，每次60分钟左右，锻炼时要补充足够的水分，尤其在夏天，避免它因缺水而中暑。❸它容易掉毛，注意为其清理掉落的被毛。主人态度要始终如一，忽冷忽热会让它感到伤心落寞，出现精神性疾病。❹性格独立，不善沟通，较难训练，主人要有耐心，循序渐进，不可心急和无故打骂，并注意赏罚分明。

品种标准

FCI AKC ANKC

CKC KC(UK) NZKC UKC

我早期用于狩猎，虽与猎人同行但并不依靠猎人，而是将马匹甩在身后，独自前去追踪猎物，并不需要人指挥，拥有独特的思考方式，非常有想法

我拥有“贵族”称号，在部分国家可以出入五星级酒店

体型：大型 | 体重：21~29千克 | 毛色：几乎任何颜色

依比沙猎犬 Ibizan hound

性情： *聪明、忠诚、性情平和、感情丰富*

养护： *中等难度*

根据古埃及法老墓中的线索可得知，依比沙猎犬的历史可追溯到公元前3400年，它是仅供法老所有的猎犬，一般只出现在皇家狩猎活动中。自公元前3100年一直到古埃及末代，许多法老的墓中都有它的身影，如古埃及第一王朝统治者赫迈克、第四王朝统治者奈沃迈特等。希腊神话中的导引亡灵之神——死亡的守望者，便以依比沙猎犬为原型刻画。该猎犬于公元前9~前8世纪年首次离开埃及，去到罗马、西班牙等地。

尾巴弯曲时为镰刀形、指环形或军刀形

形态 依比沙猎犬柔韧性良好，具有鹿般优雅的气质和身形，强悍精壮的身材和灵敏的反应力，体型适中，肌肉丰满强健，骨骼发育良好。公犬身高60~70厘米，母犬身高57~66厘米，体重19~25千克。头骨较长且平滑，眉骨较狭窄，鼻尖到眼睛与枕骨到眼睛的距离相等，双耳直立，大且非常自然。眼睛较小且倾斜。鼻子超过下颌，突出。嘴唇紧密，较薄，牙齿发育良好，呈剪状咬合。颈部呈拱形，细长强健，背部平且直，胸部深且长，胸骨非常突出，肋骨富有弹性，腹部向上收缩，臀部倾斜。尾巴下垂，较长，可达跗关节。前肢长且平顺，骨骼非常直，后肢大腿外形流畅，肌肉发达。足部呈兔足形，脚趾长。被毛有短毛和长毛两种，质地皆较粗硬。

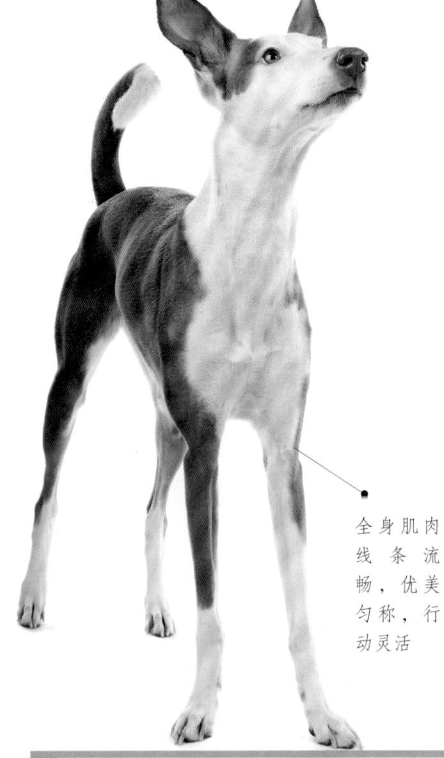

全身肌肉线条流畅，优美匀称，行动灵活

原产国： 埃及 | **血统：** 古埃及时代仅供法老使用的猎犬 | **起源时间：** 公元前3400年

习性 依比沙猎犬性情平和，聪明伶俐，具有丰富的感情，冷静沉稳，待人友善且非常忠诚。它的综合能力较强，多才多艺，善于服从，是非常理想且优秀的伴侣犬，但在日常生活中它可能会去追赶一些小动物。它非常爱干净，喜欢整洁清爽的环境，平时会很安静，可以和家中孩童友善相处，对陌生人存有戒心，是尽职尽责的守护犬。它善于攀爬，运动量极大，有时会有些固执，同时还喜欢追踪气味。喜叫程度适中，平均寿命在12岁左右。

养护要点 ❶依比沙猎犬的被毛较短，不需要频繁梳理，保证毛发清爽干净不打结即可。❷喜爱狩猎，会捕捉猫和兔子，应注意不要让它接触到这两种动物。❸运动量较大，每天早晚各需要一次户外运动，是主人与狗狗相伴的美好时光。❹性格比较固执，训练上有难度，主人要有耐心，不可操之过急，宜循序渐进，并注意不可无故打骂，要做到赏罚分明。❺外出时要防止它四处乱跑，到处吠叫，必要时拉紧狗链。

狗狗档案

别名：伊比桑猎犬

黏人程度	★★☆☆☆
生人友善	★★★☆☆
小孩友善	★★★☆☆
动物友善	★★★☆☆
喜叫程度	★★★☆☆
运动量	★★★☆☆
可训练性	★★☆☆☆
御寒能力	★★☆☆☆
耐热能力	★☆☆☆☆
掉毛情况	★★☆☆☆
城市适应性	★★★☆☆

品种标准

FCI AKC ANKC

CKC KC(UK) NZKCd UKC

体型：中等 | **体重**：19~25千克 | **毛色**：白色、红色、橘红色、铁锈色、深红色

一旦到了较为开阔的场地或是原野，依比沙猎犬就会表现出热情奔放的一面，它可以从静止的姿态突然跃起，且跃得很高，它具有狩猎的本能，热衷于追赶猎物，一旦盯上了一种气味，在找到之前很难放弃，意志力十分坚定。

爱尔兰猎狼犬 Irish wolfhound

性情： *温柔、安静、有耐心*
养护： *容易养*

双眼之间有一道较小的压凹痕

爱尔兰猎狼犬有许多名字，如爱尔兰犬、大爱尔兰犬、爱尔兰灵缇等。公元391年，罗马执政者昆特斯•阿瑞留斯写下第一份关于它的可靠记载，上面记录了当时有7只爱尔兰猎狼犬被作为礼物赠予罗马。

爱尔兰猎狼犬擅长捕捉爱尔兰麋鹿和狼，正因这个原因，爱尔兰的麋鹿与狼过度减少，无奈爱尔兰人只得将它运出爱尔兰，但因运出过度，它险些在爱尔兰绝种。

形态 爱尔兰猎狼犬公犬身高81厘米左右，母犬身高76厘米左右，体重48~68千克。头部较长，前额略微突出；口吻较长，略尖；耳朵小，与灵缇的耳朵相似。眼睛被浓密的被毛所包裹；口鼻皆较长。颈部较长，呈拱形，无褶皱；肩部肌肉丰满；胸部深且宽；背部较长；腰部较圆；腹部延伸；尾巴长，微曲。前躯肌肉发达，前肢笔直，后躯小腿较长；足部呈圆形，脚趾结构紧凑，呈拱形；指甲较粗，弯曲。被毛质地粗硬。

尾巴粗细适中，长有大量被毛
威武雄壮的身躯、敏捷的身手是我的特征，双眼明锐有神，外形与灵缇有些相像

原产国： 爱尔兰 | **血统：** 世界上最高大的犬之一 | **起源时间：** 不详

习性 爱尔兰猎狼犬性情温和，温柔安静，富有耐心，生活态度积极健康，具有强大的力量和相匹配的勇气。对生人较为警惕，对待孩童则非常友善，甚至还可以和孩童一起玩耍。所需运动量较大，喜欢开阔的生活空间和无拘无束，对城市生活不太适应，喜欢在野外生存。可以抵御寒冷的气候。它非常热爱奔跑，常会在家里跑来跑去。喜叫。平均寿命为6~8岁。

养护要点 ❶爱尔兰猎狼犬爱掉毛，需要经常为它梳理被毛并整理脱毛，保持被毛清爽干净，避免打结或滋生细菌。❷比较黏人，可以经常轻抚它的头顶或被毛，对它有耐心。运动量较大，需要每天外出运动，运动时长控制在100分钟左右，可分为早晚两次，出门前为它备足水，尤其在夏天要防止它因缺水而中暑，运动时注意让它远离危险区，不要靠近车道。❸它需要摄取适量维生素E和维生素D，选购含这两种成分的犬饲料，使它更健康，被毛更光滑。❹定期为它清理眼睛，用棉签蘸上2%的硼酸水擦拭。

头部重量适中，不笨重也不过度轻巧

狗狗档案

别名：爱尔兰犬

黏人程度	★★★☆☆
生人友善	★★★☆☆
小孩友善	★★★★☆
动物友善	★★★☆☆
喜叫程度	★★☆☆☆
运动量	★★★☆☆
可训练性	★★☆☆☆
御寒能力	★★★★½
耐热能力	★★★½☆
掉毛情况	★★★☆☆
城市适应性	★★☆☆☆

品种标准

FCI AKC ANKC

CKC KC(UK) NZKC UKC

体型：大型 | **体重**：48~68千克 | **毛色**：灰色、灰斑纹、红色、黑色、纯白色、淡黄褐色

罗得西亚脊背犬 Rhodesian ridgeback

***性情：**高贵、温和、平易近人*

***养护：**中等难度*

罗得西亚脊背犬起源于南非波尔，也叫作非洲狮子犬。16~17世纪，丹麦人、德国人、匈牙利人到南非定居，带去了许多猎犬，如大丹犬、马尔提夫犬、灵缇、寻血猎犬等。1807年，欧洲停止了移民，当地人急需一种能耐极大的看家护院、捕捉飞鸟和鹿的犬，当时受到本地犬一定影响的罗得西亚脊背犬便符合这些要求。1877年，在罗得西亚的大型狩猎活动中，它因出色的能力而备受好评。

尾巴向尾尖渐细，不粗糙也不光滑，轻微弯曲，方向向上但不卷曲

形态 罗德西亚脊背犬公犬身高64~69厘米，母犬身高61~66厘米，体重29~41千克。头部长度适中，耳朵贴近头部，有时会竖起。眼睛呈圆形，闪亮有神，颜色与被毛颜色相似；鼻子颜色为黑色或棕色；唇部靠近颌骨，下颌骨有力，长且深。颈部肌肉强健，无赘肉；胸部宽且深；肋骨略微扩张；背部非常强壮；腰部肌肉丰满，略微拱起；尾根较粗。前肢笔直强健，后躯肌肉发达；足部结构紧凑，脚趾拱起，肉垫饱满，富有弹性，呈圆形。被毛短且浓密，富有光泽，但不像羊毛或丝毛。

两眼之间到鼻部一段骨骼较平

脊背上一排逆毛是我最主要的特性，也是我受欢迎的原因和名字的由来

原产国：南非 | 血统：波尔地区当地犬种×欧洲多种猎犬 | 起源时间：不详

习性 罗德西亚脊背犬性情温和，平易近人，对待生人和其他动物友善，不无故攻击，可与孩童和平相处。能长时间快速奔跑，耐力好。对主人感情深厚，会将主人放到第一位，对生人警惕并保持距离。可以适应恶劣环境，能够在非洲内陆狩猎，适应早晚极大温差，并在此环境下忍受长达24小时的缺水状态。不喜被人打扰。喜叫程度适中。平均寿命为11~12岁。

狗狗档案

别名：非洲狮子犬

黏人程度	★⯪☆☆☆
生人友善	★⯪☆☆☆
小孩友善	★⯪☆☆☆
动物友善	★★★☆☆
喜叫程度	★★☆☆☆
运动量	★★★★☆
可训练性	★★★★☆
御寒能力	★★★☆☆
耐热能力	★★★★☆
掉毛情况	★⯪☆☆☆
城市适应性	★★★☆☆

品种标准

FCI AKC ANKC CKC KC(UK) NZKC UKC

养护要点 ❶罗德西亚脊背犬被毛较短，不打结，不需频繁梳理，保证被毛清洁干爽即可，脊背上的逆毛梳理时需特别注意，单独梳理。❷身体强健，所需运动量很大，每天外出运动两次，每次60分钟为宜，运动时要备足清水，及时为它补充水分。❸训练时不需要花大量时间，它非常聪明，可快速理解并掌握训练内容，吃得起苦，训练时不可打骂、对它忽冷忽热。❹它只听主人的命令，想要驯好它就一定要先让它有“主人是谁”的意识。

体型：大型 | 体重：29~41千克 | 毛色：浅麦色、红麦色

巴吉度猎犬 Basset hound

性情： *忠心、灵敏、性情温顺、聪明伶俐*
养护： *中等难度*

巴吉度猎犬起源于1950年，是一种高贵、古老的猎犬。它的血统源于法国，发展于英国并逐渐走向高峰。早期在法国和比利时，它的工作是追踪足迹寻觅动物，如野兔、鹿等。引入美国后，它的工作从猎兔、寻鹿增加至追踪多种猎物、赶鸟、寻回受伤的家禽、猎取浣熊等。它叫声独特，拥有仅次于寻血猎犬的灵敏嗅觉，将智慧与强悍隐藏在呆萌外表下，从不为人知的普通猎犬逐渐成为独具魅力的出色追踪者。

耳朵质地如丝绒，悬垂合拢，底部轻微卷曲，方向朝内侧，耳朵位置靠后

形态 巴吉度猎犬身高36厘米左右，体重18~27千克。头部较大，头骨呈半球形；耳朵质地柔软；眼睛有神，深色温和；口鼻部并不长，鼻子呈黑色，鼻孔较大；嘴唇下垂，呈黑色，牙齿较大，交错咬合。躯体肋骨发育良好；背线平缓且较直，不上拱也不下陷；胸部深陷，胸骨突出，肩胛骨轻微隆起；臀部呈圆形；尾巴为脊椎骨的延伸，微曲。前肢有力，骨骼较重；后腿之间距离与肩同宽，强健有力；足部呈圆形，厚重，脚趾为四只。被毛较短，光滑浓密，质地偏硬，可以帮助该犬适应各种天气情况；皮肤松弛。

特征显著，腿部较短，骨骼非常重，行动时姿态谨慎，并不笨拙

眼睛略微凹陷，颜色以褐色和咖啡色为佳

毛色有黑色、白色、棕褐色、柠檬色

原产国：法国 | 血统：其祖先为法国古老犬种 | 起源时间：1950年

习性 巴吉度猎犬性情温和，安静自然，情感细腻，外表呆愣木讷，实则聪明机敏，对主人忠诚，较敏感。它非常依恋主人，害怕孤单，长期独处会变得焦虑不堪，开始搞破坏。吃饭时很贪食，容易长胖。可以适应城市成活。适应气温变化，耐寒耐热。不喜叫。平均寿命为11~14岁。

养护要点 ❶巴吉度猎犬容易掉毛，需要经常梳掉脱落的被毛，防止毛发打结滋生细菌。❷每天要外出锻炼、散步两次，每次30分钟，以帮助消化、强健身体，要带足干净清水。❸它非常贪食，食量很大，应限定时间，时间一到不论有没有吃完都要将食盆拿掉，加之它本身骨骼较重，一定要合理控制它的体重。❹它对气味非常执着，经常追踪着就跑丢了，因此容易遇到危险，出门时一定要看住它。❺它虽然不爱叫，但嗓门很大，郁闷时会无故吠叫，还会破坏家具，主人一定要有耐心，经常陪伴它。

狗狗档案

别名：巴塞特猎犬

黏人程度	★★★★★
生人友善	★☆☆☆☆
小孩友善	★★★☆☆
动物友善	★★★☆☆
喜叫程度	★★★☆☆
运动量	★★★★☆
可训练性	★★☆☆☆
御寒能力	★★★★☆
耐热能力	★☆☆☆☆
掉毛情况	★★★☆☆
城市适应性	★★★★☆

品种标准

FCI AKC ANKC

CKC KC(UK) NZKC UKC

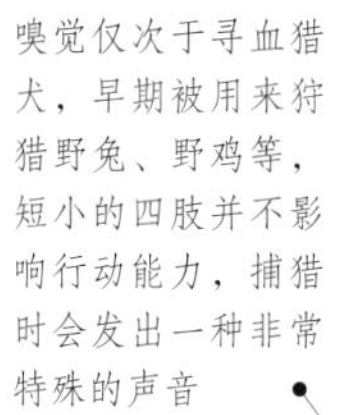

嗅觉仅次于寻血猎犬，早期被用来狩猎野兔、野鸡等，短小的四肢并不影响行动能力，捕猎时会发出一种非常特殊的声音

在搜寻猎物方面与寻血猎犬非常相像，认准了会穷追不舍，且陷入自我世界，对外界毫不关心，追着追着就把自己给“弄丢”了

体型：小型 | **体重：**18~27千克 | **毛色：**黑色、白色、棕褐色、柠檬色

贝吉生犬 Basenji

性情： *聪明、独立、机警、感情丰富*

养护： *中等难度*

耳朵呈盔状，结构均匀良好，方向向前，位于头顶

贝吉生犬是最古老的犬种之一，起源于中非地区。它离开出生地后的第一站是埃及，从尼罗河源头出发，被作为礼物赠予埃及法老。几个世纪后，古埃及灭亡，该犬种也随之衰落。但保留在原产地的该犬种依旧受到人类的保护。几个世纪后，英国探险者来到中非地区，发现了这种犬，1895年将两只贝吉生犬带回英国，小犬到达英国后不久染上犬瘟热病故。1937年，贝吉生犬再次被引入英国，从此为人所知晓。

形态 贝吉生犬体型短小，公犬身高约43厘米，母犬身高约41厘米，体重9~11千克。头部高抬，头骨扁平；耳朵较小，直立。眼睛呈杏仁状，倾斜；鼻子为黑色；牙齿排列整齐，呈剪状咬合。颈部中等长度；背线水平，背部较短；胸部宽度适中；尾巴位于背线上。前肢长度适中，灵活强壮，后躯宽度适中，强壮有力，膝关节微曲。足部呈椭圆形；脚趾小但结实，呈弓形；脚垫较长，厚实饱满。被毛较短，细致浓密，容易弯曲。

尾巴卷曲于躯体一侧，弯曲
体态轻盈，头部高抬，时刻保持机警与优雅，主要靠嗅觉狩猎
目光锐利有神，颜色在黑褐色到咖啡色之间，眼眶呈黑色

原产国：中非地区国家 | 血统：最古老的犬种之一 | 起源时间：古埃及时代

习性 贝吉生犬聪明独立，感情丰富，机警敏锐，嬉闹兴奋时会发出高亢吠叫，平时非常安静、不吵闹，素以安静沉稳闻名。对待主人忠诚，服从性强。聪明，可以快速掌握训练内容，对待其他人和动物友善但充满警惕。非常独立，生存能力强。适应炎热气候，在高温下完成工作，同时非常耐寒，能适应极大的昼夜温差。所需生活空间较大。不喜叫。平均寿命为10~13岁。

养护要点 ❶贝吉生犬被毛较短但非常浓密，不需要频繁梳理，但一定要保持洁净不打结，需要定期清洗，防止滋生细菌。❷需要非常大的运动量，每天需要外出锻炼两次，每次60分钟为宜，时间可定在早晚，可以让它跟随自行车奔跑。❸非常聪明，训练起来不需要花太多精力，它能顺利理解并掌握训练内容，尤其是速度方面的训练，注意训练内容不要太过单调、枯燥，不可无故打骂，注意赏罚分明，及时指正错误，不纵容也不过分严苛。❹它需要开阔的生活空间，可以将它养在院子内。

狗狗档案

别名：巴山基犬

黏人程度	★★★☆☆
生人友善	★★☆☆☆
小孩友善	★★★☆☆
动物友善	★★★☆☆
喜叫程度	★☆☆☆☆
运动量	★★★★☆
可训练性	★★★☆☆
御寒能力	★★★★☆
耐热能力	★★★☆☆
掉毛情况	★☆☆☆☆
城市适应性	★★★☆☆

品种标准

FCI AKC ANKC

CKC KC(UK) NZKC UKC

狩猎时结合敏锐的感官和极快的速度，可以精准迅速地捕捉到猎物，这一能力饱受赞扬

我起源于非洲，是非常古老的犬种，继承了祖先的优秀狩猎能力，可适应恶劣的环境，并长期保持纯正血统

体型：小型 | **体重**：9~11千克 | **毛色**：栗红色、三色、黑色和褐色

阿根廷杜高犬 Dogo Argentino

性情： *活泼、勇敢、精力充沛、沉着、温顺、友爱、不爱叫、好斗*

养护： *中等难度*

阿根廷杜高犬又称阿根廷獒犬，是老式战斗犬的后裔，20世纪20年代，为了狩猎美洲豹和美洲狮，人们把它培育出来。早期它极凶猛，攻击力极强，在长距离极速奔跑后可以游刃有余地制服猎物。它结合了西班牙斗牛犬、大丹犬、西班牙獒犬、拳师犬和一种老式斗牛梗犬的优点，善于群猎，常用于狩猎野猪、狮子和美洲豹。在南美洲，它被赋予“白衣骑士”的美称，多用于看家护院。

形态 阿根廷杜高犬公犬身高62~65厘米，母犬身高57~60厘米，体重36~45千克。头部大小适中，耳根位置高，位于头部侧面。眼睛中带有黑色素，颜色为褐色或淡褐色，呈杏仁状。鼻子呈黑色，鼻孔宽大，微向上翻翘，口鼻部强壮，长且深，嘴唇厚度适中，较短，包合紧凑，唇线以黑色为佳，牙齿呈弓形，少部分呈剪状咬合。颈部长度适中，下方与胸部相连之处较宽，咽喉部分带有皱纹；背线水平，较直；背部宽阔强健，肩部宽且大；胸部宽且深，腹部结实；腰部发达；臀部长度适中，尾巴位置高度适中。四肢长度适中。被毛长度平均，较短，平滑。

两耳分开，为确保直立，有时需要剪耳
两眼之间间距较大，眼神警觉灵敏，活泼坚定，富有神采
在英国，我因性格过于凶猛，被禁止饲养
毛色为纯白色，眼睛上可能会带有斑点
皮肤光滑较厚，富有弹性

原产国： 阿根廷 | **血统：** 为老式战斗犬的后裔 | **起源时间：** 20世纪20年代

习性 阿根廷杜高犬性情温顺友善，非常活泼，勇敢好斗，精力充沛，遇事沉稳冷静，敏锐，判断力准确。耐性好，喜爱奔跑且速度非常快，嗅觉灵敏。它一身白色的被毛并不吸热，不惧炎热天气，亦耐冷。平时非常坦诚、谦逊，对人和动物都比较友善，不会无故吠叫。所需生活空间较大。平均寿命为10~11岁。

养护要点 ❶阿根廷杜高犬的被毛较短，无需频繁梳理，保证被毛干净清爽、健康浓密即可。❷所需运动量非常大，热爱奔跑，需要每天外出锻炼两次，时间可定在早晚，每次60分钟为宜，可让它跟随自行车奔跑。❸它的统治意识强，会因领地问题和其他犬类争斗，平时注意不要让其他动物靠近它的领地。❹训练它时要有耐心，不可心急，犯了错要及时纠正，不可无故打骂、对其忽冷忽热。❺常见疾病有病毒性胃肠炎、细菌性胃肠炎等，在养护过程中需多加关注，特别注重狗狗的饮食习惯、生活作息等。

狗狗档案

别名：杜高犬

黏人程度	★★★☆☆
生人友善	★★★☆☆
小孩友善	★★★☆☆
动物友善	★★★☆☆
喜叫程度	★½☆☆☆
运动量	★★★★☆
可训练性	★★★☆☆
御寒能力	★★★★☆
耐热能力	★★★☆☆
掉毛情况	★☆☆☆☆
城市适应性	★★★☆☆

品种标准

FCI AKC UKC

好斗是出于我的统治意识和领地意识，为了扩大领地会和其他犬种争斗，对于入侵动物非常警惕且抱有敌意

我从祖先身上继承了狩猎的本能，早期作为护卫犬，保卫家园免受美洲狮等的侵袭；我的主要狩猎方式为群猎，拥有很强的协调能力

体型：大型 | 体重：36~45千克 | 毛色：白色

黑褐猎浣熊犬 Black and Tan coonhound

性情： *勇敢无畏、性情温顺、友好和善*
养护： *中等难度*

11世纪，英国名犬塔尔伯特缇是黑褐猎浣熊犬的祖先之一，后来加上寻血猎犬、由英国维吉尼亚猎狐犬逐渐演变出的猎狐犬的血统，成就了现在的黑褐猎浣熊犬。它的主要猎物是负鼠和浣熊，依靠超群的决断力和追踪力搜寻猎物，与寻血猎犬极为相像，依靠嗅觉狩猎。追踪猎物时，它的鼻子紧贴地面搜寻，找到猎物后便将其逼上树，随后用叫声通知猎人前来捕获。

形态 黑褐色猎浣熊犬公犬身高为64~69千克，母犬身高为58~64千克，体重22~34千克。头部简洁利落，头骨呈椭圆形；耳根位置较低；眼睛呈圆形，不内陷；鼻孔较大，张开，鼻子呈黑色；上嘴唇下垂，牙齿呈剪状咬合。颈部倾斜，中等长度，没有过多赘肉；背部平坦；胸部非常深；尾根位置低于背线。前肢笔直，后肢肌肉丰满。被毛短，但非常浓密。

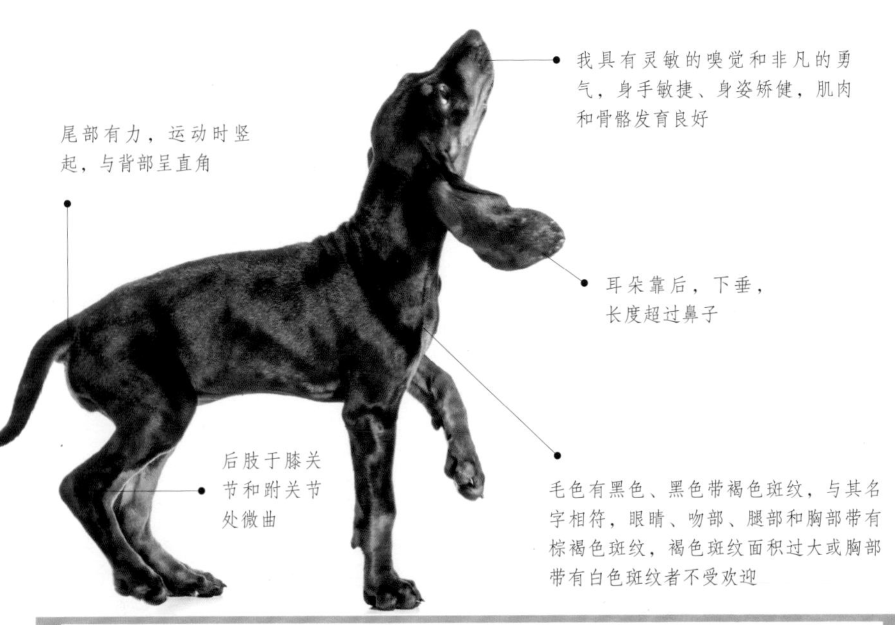

我具有灵敏的嗅觉和非凡的勇气，身手敏捷、身姿矫健，肌肉和骨骼发育良好
尾部有力，运动时竖起，与背部呈直角
耳朵靠后，下垂，长度超过鼻子
后肢于膝关节和跗关节处微曲
毛色有黑色、黑色带褐色斑纹，与其名字相符，眼睛、吻部、腿部和胸部带有棕褐色斑纹，褐色斑纹面积过大或胸部带有白色斑纹者不受欢迎

原产国：英国 | 血统：塔尔伯特缇×寻血猎犬×猎狐犬 | 起源时间：11世纪

习性 黑褐猎浣熊犬性情温顺，处事勇敢冷静，具有无畏精神，非常大胆，对人和动物皆友好，对主人非常忠诚，听从主人的命令，会迅速执行，工作能力强且态度坚定，非常顽强。除了狩猎时，它平日里非常安静，充满活力，热爱运动。它具有非常好的适应能力，需要较大的生活空间，能够忍受恶劣的环境，以及寒冷或炎热的气候。喜叫程度适中。平均寿命为10~12岁。

养护要点 ❶黑褐猎浣熊犬的被毛短且浓密，每隔一天梳理一次即可，注意保持被毛干净清爽。❷热爱运动，每天都需要外出锻炼，每日两次，每次60分钟为宜，运动量较大，外出运动时要准备足够的清水。❸外出时不要让它靠近会爬树的小动物，拉紧它。❹训练时劳逸结合，除基本训练外，还可以让它做一些游戏，如扔飞盘等让它捡回来、进行寻物训练，增添趣味。

狗狗档案

别名：黑褐色浣熊犬

黏人程度	★★★☆☆
生人友善	★★★★☆
小孩友善	★★★★☆
动物友善	★★★★☆
喜叫程度	★★★☆☆
运动量	★★★★☆
可训练性	★★★☆☆
御寒能力	★★★★☆
耐热能力	★★★★☆
掉毛情况	★☆☆☆☆
城市适应性	★★★☆☆

品种标准

FCI AKC CKC

NZKC UKC

体型：大型 | **体重**：22~34千克 | **毛色**：黑色、黑色带褐色斑纹

PART 5

188~217页

运动犬

金毛寻回犬 Golden retriever

性情： *充满、友好、忠诚、自信、可靠、不爱叫*

养护： *容易养*

1800年，狩猎并不仅作为娱乐项目，更是人们获得食物的一种方式，当时人们希望有一种可以克服水中低温和陆地上荆棘的猎犬来辅助他们狩猎，金毛寻回犬由此诞生并走进人们的生活。它也被称为金毛猎犬或金毛寻猎犬，祖先是一种名为Tweed的水猎犬，于19世纪末期开始在英国流行，参加狩猎活动的同时也参加犬展，被认定为平毛犬种。19世纪90年代它被旅行爱好者带往美国和加拿大，于20世纪20~30年代遍布美国东西海岸。

形态 金毛寻回犬公犬身高58~24厘米，母犬身高57厘米左右，体重25~34千克。头骨宽阔，额段轮廓清晰；前脸宽而深，长度与头骨相等；吻部呈直形，耳朵小，下垂并贴紧脸颊；眼睛大小适中；鼻子颜色为黑色或黑褐色，气温较低时颜色会变淡；上唇两侧略微下垂，但不明显，牙齿呈剪状咬合。颈部长度适中，肌肉发育良好；背线水平；胸部深，可达肘关节；肋骨扩张；腰部较短，宽且深；肌肉强健，轻微隆起、上收；尾巴微抬，尾根较粗，柔韧有力，顺着臀部自然下垂；两肢之间距离一掌之宽；脚趾大小适中，脚垫厚实。被毛分上下两层，上层坚硬具弹性，下层为绒毛。

眼神聪明友善，两眼间距适中，眼睛周围呈深色，较紧

肩胛到臂部微斜，躯干平稳协调

体态均匀，身体比例匀称，非常活泼，充满力量，是非常优秀的猎犬、运动犬

毛色为深浅不同的金黄色

原产国：英国 | 血统：与水猎犬有联系 | 起源时间：19世纪

习性 金毛寻回犬领域观念强烈，在自己的小天地里神气活现，到了陌生地方会因为不熟悉环境而变得胆小或情绪紧张，尤其在接近动物医院时，死活也不肯进去，常浑身发抖，紧张得流着口水，可怜楚楚的。它常以自己为中心，但也有与人交往的天生习性，尤其喜欢与孩童交往，如果从小就受到人的爱抚，它可以成为家族成员的朋友，熟悉主人的气息，也容易接受训练。寿命一般为10~15年。

养护要点 ❶金毛寻回犬遗传免疫力高，体态健壮，饲养和日常护理极为容易。❷要为它配置营养均衡的狗粮，适当补充肉类和钙。❸不要频繁洗澡，否则容易伤害毛质和皮肤。注意调节好室内温度。❹不需要特别做美容，但要时常修剪脚底毛和剪趾甲。❺日常护理中注意眼睛和耳朵清洁。❻非常敏感，训练时口令最好简短且发音清楚，不要用大声、发怒的口吻。❼运动时禁止它嗅其他犬的粪便，以免被病毒源传染。

狗狗档案

别名：金毛犬

黏人程度	★½☆☆☆
生人友善	★★★★★
小孩友善	★★★★★
动物友善	★★★★★
喜叫程度	★☆☆☆☆
运动量	★★★★☆
可训练性	★★★★★
御寒能力	★★★★☆
耐热能力	★★★☆☆
掉毛情况	★★★☆☆
城市适应性	★★★★½

品种标准

FCI AKC ANKC

CKC KC(UK)

性喜欢群居，在我们的组织框架中，总有一只头犬带领其他犬只，无论生活与行动，无论在饲养场、乡村或郊区，头犬有带领群犬和支配及管辖族群的特权

体型：大型 | 体重：25~34千克 | 毛色：深浅不同的金黄色被毛

拉布拉多寻回犬 Labrador retriever

性情： *和善、友好、聪明、重视、容易训练、渴望奖励*
养护： *容易养*

毛色有黑色、黄色、巧克力色

拉布拉多寻回犬起源于纽芬兰，它用途广泛，擅长水中狩猎，勤奋好学，有平毛、短毛和长毛三种，前两者在早期较受欢迎。19世纪初期，曼兹波利伯爵偶然发现了一只被渔民带来英国的拉布拉多寻回犬，随后下令进口用于狩猎和比赛。1830年，英国著名运动员科隆•霍克认为它四肢修长，体型较指示犬稍小，毛发平整容易打理，是非常棒的犬种。现今，它多被作为工作犬、导盲犬饲养。

形态 拉布拉多寻回犬体型中等，公犬身高57~62厘米，母犬身高55~60厘米，体重25~37千克。头骨宽阔，坚固，大小适中；双耳紧贴头部，下垂；两眼间距适中，颜色为褐色或淡褐色；鼻子宽大，颜色为黑色或褐色；牙齿呈剪状咬合，发育良好。颈部长度适中，灵活发达；背部肌肉发达，背线水平；腰部灵活宽且短，强健有力；躯干较短，柔韧，富有弹性；肋骨扩张；尾巴具有特色。前肢骨骼发育良好，后躯宽阔，具有发达的肌肉，膝关节微曲，角度适中，大腿强壮有力，趾部结构紧凑，脚趾略隆起，肉垫发育良好。被毛紧致浓密，质地粗硬。

眼神友好和善，机警聪颖，大小适中
双耳向后，位置低于头骨
形似水獭，尾根粗壮，逐渐向尖端变细，沿背线抬起

原产国：加拿大 | 血统：与水猎犬有联系 | 起源时间：不详

习性 拉布拉多寻回犬脾气好，可以任人触摸，给孤独者或受伤的心以慰籍。它可协助行动不便者开门、关门、开灯、关灯、拾取物品、推拉轮椅等，协助主人采购物品，回家后放入指定位置；还可帮助癫痫病人在发作之前做好准备，并守候在主人身旁，直到其恢复正常为止。其出色的能力使它在导盲与助听方面有优秀表现。它喜欢游泳，是假日游玩的良伴。平均寿命为10~12年。

养护要点 ❶拉布拉多寻回犬喂食要定时、定量、固定地点，成犬每天喂2次。❷每天需要充分的运动，避免过度肥胖。❸耳朵紧贴头部垂挂，外耳道透气不佳，耳垢容易累积，要及时用干燥棉花棒帮它清洁耳部。❹喜欢撒娇，主人要适当爱抚，但不可过度放纵溺爱。❺训练切勿操之过急。❻常见遗传性眼睛疾病有白内障、眼睑内翻或外翻、倒生睫毛等，发现后要及早治疗。其他常见遗传病有皮脂漏症、食物过敏症、异味性皮肤炎、化脓性以及创伤性毛囊炎或因药物过敏而导致的天泡疮等。

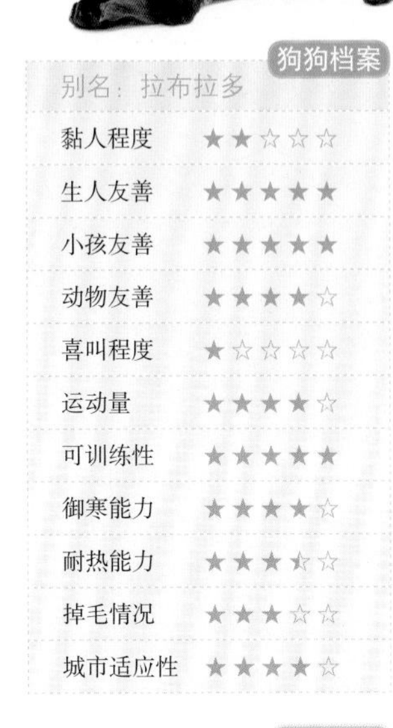

狗狗档案

别名：拉布拉多

黏人程度	★★☆☆☆
生人友善	★★★★★
小孩友善	★★★★★
动物友善	★★★★☆
喜叫程度	★☆☆☆☆
运动量	★★★★☆
可训练性	★★★★★
御寒能力	★★★★☆
耐热能力	★★★½☆
掉毛情况	★★★☆☆
城市适应性	★★★★☆

品种标准

FCI AKC ANKC

CKC KC(UK) NZKC UKC

强健的体质使我在艰苦环境中也能够长时间工作，猎取水鸟、在丘陵地带狩猎，都胜任有余，此外还可以充当服务犬、导盲犬、助听犬、安慰犬、家族伴侣犬等，多才多艺

我身材强健，肌肉发达，是功能非常全面的猎犬、工作犬，身上短且浓密的防水被毛是最明显的特征之一

体型：大型 | 体重：25~37千克 | 毛色：黑色、黄色、巧克力色

平毛寻回犬 Flat-coated retriever

性情： *聪明、自信、快乐、敏感、热情、爱表现自己*
养护： *容易养*

19世纪早期，英国人有意识地培育犬种，以提升它们的狩猎能力。这时出现了一种体型硕大、毛色黝黑的犬种，它因在培育过程中加入过多不同犬种的血统而被归为杂种犬，这便是早期的平毛寻回犬。1859年在展会上展出，它才被世人所知晓，隔年被人们接受并作为猎犬饲养。1918年之前，它的普及性极高，后被拉布拉多寻回犬和金毛猎犬超越。第二次世界大战期间，这种犬的数量急剧减少，直到20世纪60年代才得以恢复。

形态 平毛寻回犬公犬身高58~62厘米，母犬身高56~60厘米，体重25~36千克，头部结构匀称合理，耳朵下垂，眼睛明亮且有神。背线水平，胸腔及肋骨深且长，向后延伸，逐渐变细，呈轻微上提的态势，构成一个优美的钝三角形。胸骨非常清晰，前胸明显突出，身躯与腿脚的比例和谐匀称。被毛浓厚密集，腿部和尾巴有羽状饰毛。毛色为纯黑色或纯肝色。

态度积极快乐，聪明伶俐，身材匀称结实，身材硕大却并不笨拙，灵巧活泼，综合能力很强，走路时姿态平稳，似是毫不费力
头部比例合适、位置恰当，颈部轻松、平滑地融入向后倾斜的肩胛
步态平滑、轻松、自然、优雅

原产国： 英国 | **血统：** 大型纽芬兰犬、塞特犬、牧羊犬、卷毛全等杂交 | **起源时间：** 19世纪

习性 平毛寻回犬充满热情、忠诚，热爱家族成员，有很多本领，聪明欢快，稳重自信，容易驯养。它易满足现状，心态很好，还喜欢摇摆可爱的尾巴随主人外出。它没有神经质、过度亢奋、冷漠、羞怯、固执等不良行为，而是敏锐、机灵，奔跑速度快，意志坚决，个性快乐，待人友好，性情幽默。它坚定的个性常常让它体现出感人的奉献精神，是称职的家庭伴侣和狩猎能手，养护得当，寿命通常12~14年。

养护要点 ❶平毛寻回犬能很好地适应城市生活，可以饲养在公寓中，但要有足够的空间和运动量。❷喂食营养要全面，以防它因缺乏微量元素、维生素而引起异嗜癖，如喜欢吃沙石、橡皮、泥土、粪便等。❸它喜欢野外活动，每天至少进行两次户外自行车跟跑运动，每次60分钟。❹易患皮肤病，需要用针梳或排梳仔细梳理和清洗被毛，发现问题及时医治，繁忙的上班族和体弱者不适合饲养。❺患骨癌的比例高于平均值，要及时关注它的身体健康。

狗狗档案

别名：平毛寻回犬

黏人程度	★★★★★
生人友善	★★★★☆
小孩友善	★★★★☆
动物友善	★★★★☆
喜叫程度	★★★☆☆
运动量	★★★☆☆
可训练性	★★★★★
御寒能力	★★★☆☆
耐热能力	★★★☆☆
掉毛情况	★★☆☆☆
城市适应性	★★★☆☆

品种标准

FCI AKC ANKC

CKC KC(UK) NZKC UKC

波浪状的尾巴，非常有力

我对自己很强的适应能力很有信心，胜任在丘陵地区狩猎、在水中捕猎水鸟

给人自豪、反应敏捷的感觉

体型：大型 | 体重：25~36千克 | 毛色：黑色、肝色

不列塔尼猎犬 Brittany spaniel

性情： *温顺、镇定、热情、机警*

养护： *容易养*

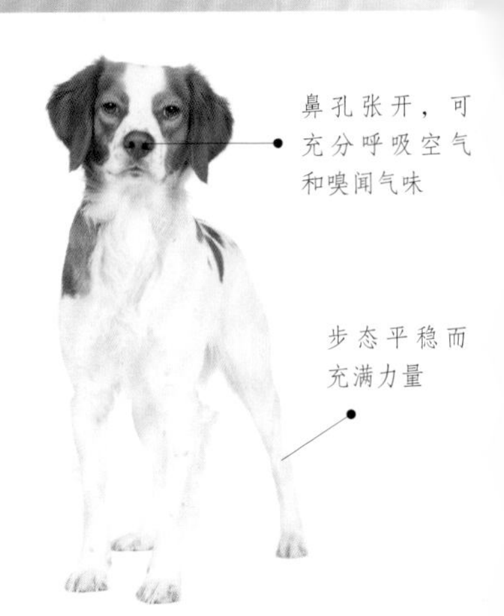

鼻孔张开，可充分呼吸空气和嗅闻气味
步态平稳而充满力量

布列塔尼猎犬与威尔士史宾格犬的发展路线极相似，很可能有着相同的祖先。它曾出现在17世纪的挂毯和油画上，由此可判断早期它普遍生活在法国、荷兰和德国。直到现在，这些地区的部分犬种在外表和能力上都与布列塔尼猎犬有着一定相似度。19世纪，该犬种出现了无尾品种，源于波士顿德隆山谷中的一座小镇，由波士顿地区土犬和英国某狩猎犬繁育而成。

形态 布列塔尼猎犬身高44.5 ~ 52.1厘米，颅骨略呈楔形，较平滑；耳朵三角形；眼睛突出或宽松，有浓重而富于表情的眉毛；吻部中等长度；鼻端颜色呈浅黄褐色、黄褐色、棕色或深粉红色；嘴唇绷紧。脖颈中等长度；背线有轻微的倾斜度；胸深，富于弹性；胁腹相当丰满；腰部短而强健；无尾或人工截短。两前肢垂直于地面；脚部强健有力，脚趾没有太多毛发。被毛浓密、平坦或波浪形，但从无卷毛。

警觉高，有较强的探求欲，表情虽然有柔和的特点，却兼具警觉性与探求的欲望

原产国： 法国 | **血统：** 与威尔士史宾格犬有相同的祖先 | **起源时间：** 17世纪

习性 布列塔尼猎犬体形小，比某些大体形的猎犬更适合城市生活。它性格开朗，对人友善温和，表情聪明，不主动挑衅或进攻，因此也是优秀的家族犬。它喜欢与主人相处，而且还能够忍受寒冷的天气，强壮健康，充满乐观气息，黏人程度与吠叫程度较高。平均寿命为12~15岁。

养护要点 ❶布列塔尼猎犬适宜养护在较大的院落中，不可长时间关在封闭公寓里。❷较易打理，可用针梳或排梳为它梳理毛发，动作要轻柔。❸喜欢运动，每天要出去散步或小跑两次，每次30分钟。❹容易训练，但它有些神经过敏，主人要有耐心，不可随意训斥它，以免它变得过度敏感和紧张。❺要关心它，不要让它觉得受了冷落，以免情绪不佳而过分黏人。❻易患疾病有唇颚口开裂、髋关节异常、血友病等，养护中要注意。

狗狗档案

别名：布列塔尼犬

黏人程度	★★★★☆
生人友善	★★★★☆
小孩友善	★★★☆☆
动物友善	★☆☆☆☆
喜叫程度	★★★★☆
运动量	★★★★☆
可训练性	★★★★★
御寒能力	★★★★☆
耐热能力	★☆☆☆☆
掉毛情况	★☆☆☆☆
城市适应性	★★☆☆☆

品种标准

AKC ANKC CKC

KC(UK) NZKC UKC

我有娇小的体形、机灵的表情、得天独厚的在特殊空间内狩猎的优势，比如交叉密集的树丛、公路网、有栅栏的狩猎场所等，漂亮的外表加上活泼快速的奔跑，以及一流的嗅觉能力，使我得到主人的厚爱

我拥有较长时间的展示历史，30年来有150多头犬赢得了漂亮外表加狩猎能手的双重冠军头衔

颜色一般为黄白色或肝红白色

体型：中等 | **体重：**13.5~18千克 | **毛色：**黄白色、肝红白色

英国可卡犬 English cocker spaniel

性情： *快乐、热情、忠诚、善良、温和、服从性强*

养护： *中等难度*

耳壳硕大，伸展到鼻部
额鼻清晰而适度，有轻微的沟

英国可卡犬是西班牙猎犬家族的一员，是最古老的陆地猎犬之一，17世纪以前它们无论体格大小、品质优劣都被称为西班牙猎犬。后来，它们体格和能力的不同引起许多猎人的注意，由此开始逐渐有了不同的名字，威尔士史宾格犬和英国可卡犬便是最早吸引猎人眼球的猎犬。早期两种犬被放在一起饲养，体型和样貌极相似，后因各自狩猎方式不同而被划分为两个品种。

形态 英国可卡犬身高38~41厘米，头部轮廓柔和而无锐角；耳朵紧贴头部；眼睛中等大小，丰满而略呈椭圆形。吻与颅部等长，上唇厚而丰满；颌强健，能啮动猎物；鼻孔宽；牙齿剪状咬合。颈部优美；背线融入肩部；躯干结实而紧凑，强健有力；胸宽深，前胸发达；肋骨撑开良好；背短而强健；腰短；臀部柔和浑圆；短尾。前躯关节角度适中；前腿直，大腿宽、粗而且肌肉发达，小腿肌肉发达；脚结实，脚垫厚。头部被毛短、细，躯干毛中长、平直或稍有波纹，丝状质地。

背线向柔和浑圆的臀部略有倾斜
欢快健壮，有运动犬超强平衡感，身躯结构紧凑，有机警而聪慧、温和而高贵的表情

原产国： 英国 | **血统：** 来自西班牙猎犬家族 | **起源时间：** 不详

习性 英国可卡犬活泼、机警、欢快又精力旺盛。狩猎中不停地摆动着兴奋的尾巴，洋洋自得地享受着乐趣。外形匀称，站立时站姿良好，结构紧凑；运动时整体协调性非常好，姿态优美，步态有力而不受拘束，令爱犬人士自豪。它性格中也有平静的一面，天性善良，极富感情，对主人忠诚、甜美又温和，服从性高，乐于工作，也乐于陪伴。平均寿命为12~15岁。

养护要点 ❶英国可卡犬的毛发很难打理，多梳腿、腹等饰毛较长部位的毛发，从后躯向前躯用针刷梳理，再梳头部，刷尾部。❷洗澡时用水浸泡比淋浴效果好，水温35~38℃，洗后吹干，用排梳将毛发梳理一遍。❸定期为它清除牙垢与耳垢，用淡盐水洗眼睛。❹每天喂适量狗粮和少量低糖型饼干加适量鲜肉，保证营养均衡。每天户外散步两三次，早晨和傍晚为宜，否则它在家里会烦躁不安，神情呆滞，丧失活泼的优美外貌，严重时会引发疾病。

狗狗档案

别名：可卡

黏人程度	★★★★☆
生人友善	★★★★☆
小孩友善	★★★★★
动物友善	★★★★☆
喜叫程度	★★★☆☆
运动量	★★☆☆☆
可训练性	★★★★☆
御寒能力	★★★½☆
耐热能力	★★★☆☆
掉毛情况	★☆☆☆☆
城市适应性	★★★★★

品种标准

FCI AKC ANKC

CKC KC(UK) NZKC UKC

我热衷于野外工作，用尖锐的叫声惊飞鸟类，当猎人捕到猎物后，能迅速搜索和寻回，在跟踪气味时无论猎物藏得多深都能嗅到，即使不易进入的稠密灌木丛也难不倒我

肩胛与上臂大约等长

体型：中等 | **体重：**13~15千克 | **毛色：**黑色、肝色、红色、斑点和斑花色、白色结合黑或红色

英国塞特犬 English setter

性情：友好、优雅、温和、忠诚
养护：容易养

英国塞特犬起源于400多年前的英国，祖先是古老的西班牙陆地猎犬，最初被作为猎鸟犬饲养。爱德华•莱弗兰在它的发展史中有着重要的地位，他繁育出4只英国塞特犬的原始样本。1859年1月28日，在纽卡斯尔举行的犬展上首次出现英国塞特犬，从此开始被世人知晓。1874~1884年是英国塞特犬最为普及、最为流行的时期，此间它被出口到美国和加拿大。

毛色有橘色斑纹、黑白相互掺杂、柠檬色斑纹、肝色斑纹

形态 英国塞特犬身体结构匀称，身高61~69厘米。头部长而倾斜，脑袋呈卵形；耳根处略宽于眉毛的位置；口吻长，上唇深且下垂；鼻孔分得较开；眼睛深褐色。颈部长，平滑流畅；前胸非常清晰，胸底深度达到肘部；背部直而结实，与腰部连接；腰部结实；臀部圆形，平滑地融入后腿；尾巴末端尖细，尾尖精致。前肢直且相互平行，臂膀骨骼坚实；大腿肌肉发达；后腿直；足爪前端笔直向前，脚趾紧凑、结实且圆拱，脚垫发达且坚固。被毛平坦，没有卷曲或羊毛质地。

肩胛骨平躺着，并平顺地融入身躯轮廓
耳朵位置靠后且低，末端略圆，耳郭略薄，挂在头部两侧给人毫无拘束的感觉
面颊平顺且线条清晰，表情明亮而温和
丝质的羽状饰毛松散地悬挂在尾巴边缘
膝关节适度弯曲且结实

原产国：英国 | 血统：西班牙波音达犬×大型猎水猎犬×猎鹬犬 | 起源时间：400多年前

习性 英国塞特犬性格开朗，温顺乖巧，喜欢讨主人欢心，也喜欢和小孩游戏，忠诚尽责，能帮主人照顾小孩，是理想的家庭伴侣犬。它很喜欢黏在主人左右，因其好动的特点，常常使精力不足的人精疲力尽，所以，主人要根据自己的精力特点选择是否饲养。它非常文雅，站立时外形十分沉稳、坚毅，也确实具有坚毅的性格特征，且力量强大，再加上高贵优雅的气质与风度，吸引了不少热爱它的养护者。平均寿命为10~12年。

养护要点 ❶英国塞特犬不适合养护在公寓中，最好养在院落里，它需要足够的空间活动。❷每天进行两次户外运动，可跟随自行车奔跑，每次运动60分钟。❸让它养成定点定时定食的好习惯，每天的狗食中含有500克肉类，加等量的饼干和干素料，食物新鲜卫生，餐具每餐用后洗刷干净。❹每天提供干净饮水1~2次。❺每天给它梳理被毛，拭去毛上污渍和尘埃。❻定期洗澡，气温高时增加洗澡次数，天冷时澡后要擦干毛上水分。❼每3~5天清除一次耳垢、齿垢和眼屎。定期修剪脚爪。

狗狗档案

别名：英国雪达

黏人程度	★★★★★
生人友善	★★★☆☆
小孩友善	★★★★☆
动物友善	★★★★☆
喜叫程度	★★★☆☆
运动量	★★★☆☆
可训练性	★★★☆☆
御寒能力	★★★★☆
耐热能力	★★☆☆☆
掉毛情况	★☆☆☆☆
城市适应性	★★★★☆

品种标准

FCI AKC ANKC

CKC KC(UK) NZKC UKC

体型：大型 | **体重**：25~30千克 | **毛色**：橘色斑纹、黑白相互掺杂、柠檬色斑纹、肝色斑纹

指示犬 Pointer

性情：*友善、快乐、有毅力、勇敢、机警*
养护：*中等难度*

指示犬也叫波音达犬，是最古老的犬种之一，以忠诚著称。起初人们以为它起源于西班牙和葡萄牙，后经证实是错误的，因为资料表明指示犬几乎是同一时期出现在西班牙、葡萄牙、东欧和英国的，其中英国最有可能成为指示犬起源地。1650年出现了指示犬的可靠记录，当时英国尚未进入围猎时期，但用犬狩猎已成为一项体育项目，所使用的正是指示犬，其任务是狩猎野兔。

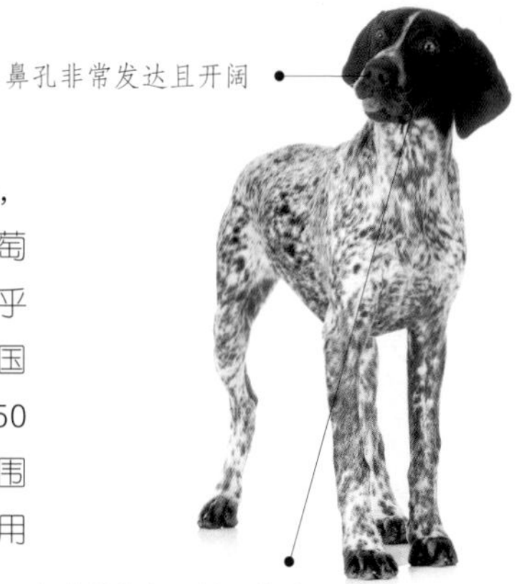

形态 指示犬身高30~35厘米，脑袋宽度中等；耳朵自然下垂，质地柔软而薄；眼睛颜色略深，两眼间略有凹痕；面颊轮廓鲜明、整洁；口吻深，没有下垂的上唇，口的末端呈正方形，牙齿钳状咬合或剪状咬合。颈部长，略微圆拱，与肩部接合自然；肩胛长、薄且倾斜；胸部深而不宽，胸骨明显；背部强壮而结实，从臀部到肩胛微上升；腰部有力；臀部轻微地向尾根处下垂；腹部上提；尾巴根部粗壮，尖端细而精致，举起不卷曲。前腿直；大腿长而发达。足爪卵形，紧凑，脚垫厚实且深。被毛短，浓密，平滑闪光。

我是运动型犬，举止优雅，外形紧凑、敏捷，头部高贵而骄傲地昂起，浑身充满爆发力
后躯肌肉发达而有力，能产生巨大的推动力

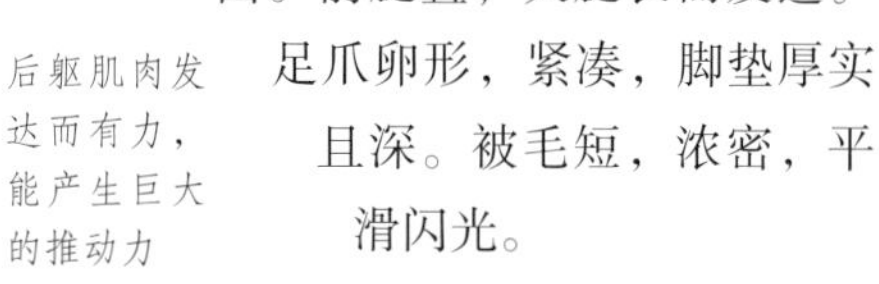

我有强烈的狩猎嗜好，如果不是猎人很难驾驭我
我原先是被培养用于在原野运动的，所以有肌肉发达的身躯、强健的体质，是当之无愧的驱动力强大的猎犬

原产国：英国 | 血统：最古老的犬种 | 起源时间：不详

习性 指示犬聪明而警惕，勇敢而充满毅力，渴望行动、热衷于工作，有快速奔跑与耐力持久的双重优势，是犬中运动能手。拥有敏锐的感觉、精明的判断能力，目标坚定，表情中透露出忠诚和对人类的热爱，是优良的家庭伴侣，对人友好，对其他犬也不敌视，富有爱心，特别爱干净，平时气质平和不易发怒。如果主人养护得好，寿命可达13~14年。

养护要点 ❶指示犬每天需要运动，要外出散步2~3次，早晨、傍晚或下午时分带它出去溜达、玩耍，否则它在家中会烦躁不安，胡乱撕咬物品，严重时甚至出现神情呆滞、抑郁症状。❷经常用刷子或梳子为它梳刷被毛；它胸部、腹部和腿部长着既长又密的被毛，常常拖在地上，若不及时梳理，极易粘上灰尘和污垢，板结成团，影响美观又会受病菌侵害。❸隔一段时间替它洗一次澡，水洗或干洗。

狗狗档案

别名：向导猎犬

黏人程度	★★☆☆☆
生人友善	★★★½☆
小孩友善	★★½☆☆
动物友善	★★★★½
喜叫程度	★★☆☆☆
运动量	★★★½☆
可训练性	★★☆☆☆
御寒能力	★★★★☆
耐热能力	★★★★☆
掉毛情况	½☆☆☆☆
城市适应性	★★★★★

品种标准

FCI AKC ANKC

CKC KC(UK) NZKC UKC

我没有羞怯的表现，落落大方而姿态优雅

体型：大型 | **体重**：27~32千克 | **毛色**：肝红、淡黄、黑、橙黄色，上述颜色结合白色或纯色

德国钢毛指示犬 German wirehaired pointer

性情： *沉稳、细心、严谨、热情、忠诚、认生*

养护： *中等难度*

狩猎在现在是一项体育活动，但在古代它是一种寻找食物的方式。最早人们利用石斧，之后借助陷阱、弓箭、猎鹰等。随着狩猎行为逐渐发展完善，猎犬开始出现在猎人身边。到了19世纪，狩猎活动发展至巅峰。渐渐地，许多赛犬爱好者不满于把大部分犬都用于狩猎，他们希望培育出一种具有极强综合能力的犬，带着这样的期待，整个欧洲开始培育具有多种能力的指示犬，德国所培育的便是德国钢毛指示犬。

形态 德国钢毛指示犬身高61~68厘米，头部长度适中，脑袋宽，后枕骨不突出；耳朵圆且不宽，贴着脑袋下垂；眼睛褐色，中等大小；鼻梁骨直，宽，鼻镜深褐色，鼻孔开阔；口吻相当长，颌部结实而丰满，牙齿位置匀称且剪状咬合良好。前肢直，后肢结实而肌肉发达。足爪外形圆，有蹼，脚趾高度圆拱且紧密，脚垫厚实而坚硬，指甲结实且相当沉重。尾巴位置高，警惕时上举，超过水平线。刚毛质被毛能抵御恶劣的气候条件，还可以防水；外层被毛笔直，粗硬，长度为1~2英寸（1英寸= 2.54厘米）；冬天底毛浓厚，可以抵御寒冷，夏天底毛薄得几乎看不见。

眉毛下垂，中等长度
眼睛卵形轮廓，明亮而整洁
尾巴上的毛发精致，下面更为独特，没有羽状饰毛
嘴唇轻微下垂，紧贴颌部且有胡须
身体强壮有力，毛发手感粗糙，外表高贵

原产国： 德国 | **血统：** 德国牧羊犬×格里芬犬 | **起源时间：** 19世纪

习性 德国刚毛指示犬具有典型的指示犬风格，在陆地上是一种多用途猎犬，活泼聪明、执着坚定、精力充沛、敏捷而有耐力，兼具水陆多项捕猎技能。它个性活泼，忠诚于主人，自控能力强，有时会避开陌生人，但不会表现出不友好，似乎有优雅的绅士风度。它虽然体形较大，但在健壮的外表下却藏着一颗小型犬的心，渴望友爱的陪伴，渴望得到主人的欢心。它热衷于学习，它有比较强的领地意识。平均寿命为12~14年。

养护要点 ❶德国刚毛指示犬是一种食肉动物，肠壁厚吸收能力强，容易消化肉类食品，为保证它的正常发育和健康，狗食需要含有较多的动物蛋白和脂肪，辅以素食成分。❷它有原生态时留下的撕咬猎物的习惯，要不定期给它一些骨头，让它磨牙用。❸它在进食时习惯“狼吞虎咽”，主人要训练它吃饭时有耐心。❹它的排便中枢不发达，不能在行进中排便，外出前要给它排便时间或训练它按时排便。❺在炎热夏季，要为它准备充足的饮用水。❻遗传病有髋关节发育不良、青光眼，养护时多加注意。

狗狗档案

别名：德国钢毛犬

黏人程度	★★★☆☆
生人友善	★★☆☆☆
小孩友善	★★★☆☆
动物友善	★★★☆☆
喜叫程度	★☆☆☆☆
运动量	★★★☆☆
可训练性	★★★☆☆
御寒能力	★★★☆☆
耐热能力	★★★☆☆
掉毛情况	★☆☆☆☆
城市适应性	★★★☆☆

品种标准

FCI AKC ANKC

CKC KC(UK) NZKC UKC

我的祖先群居时有“等级制度”和主从关系，所以我生性喜欢有秩序而稳定的生活；当我卧下之前，总在周围转一转，不单单是为了卧着舒服，可能和遗留下来的某种本能有关

行走动作舒展而平顺，前躯伸展充分，后躯驱动有力

体型：大型 | **体重：**27~32千克 | **毛色：**肝色、白色、肝色斑、白色斑

德国刚毛指示犬的祖先在群居时有“等级制度”和主从关系，所以它生性喜欢一种有秩序而稳定生活习惯。而且当它卧下之前，总在周围转一转，也许不单单是为了卧着舒服，可能和遗留下来的某种本能有关。

德国短毛指示犬 German shorthaired pointer

性情： *友善、聪明、热情、热爱工作、乐于助人*

养护： *容易养*

指示犬的发展与猎枪是同步进行的，但直到18世纪才开始加入狩猎队伍，是近代开始流行的犬种。最初被改良的一批指示犬是在1650年，主要用于寻找野兔的踪迹。指示犬在狩猎鸟类时会抬起一只前肢，鼻尖朝上，随后一动不动地蹲在原地，待猎物飞起的瞬间将其击落。德国短毛指示犬也叫短毛波音达犬，四肢修长、身体壮硕，是以西班牙波音达犬为主要血统，与意大利和英国波音达犬交配而繁育的波音达新血系。

形态 德国短毛指示犬身高58.4 ~ 63.5厘米，头部轮廓鲜明，脑袋适度宽阔；耳朵平躺着，自然地延伸到嘴角；眼睛深褐色，呈杏仁形；鼻镜褐色，鼻孔宽阔；颌部结实有力且肌肉非常发达，嘴唇丰满而深，牙齿剪状咬合。颈部长，颈背肌肉发达，逐渐向肩部加粗；胸部深度胜于宽度，延伸到肘部，肋骨支撑起胸腔；背部短，强壮且直；腰部结实，中等长度，轻微圆拱；臀部宽阔；尾巴位置高且稳固；足爪紧凑，脚趾圆拱，脚垫结实。被毛有棕色、浅棕、深棕、白色、黑色。

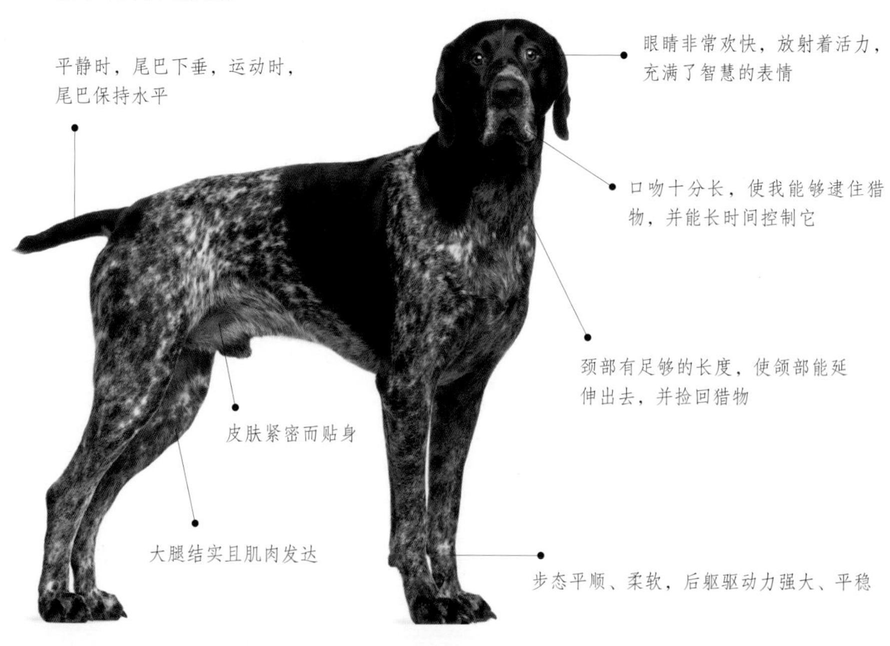
平静时，尾巴下垂，运动时，尾巴保持水平
眼睛非常欢快，放射着活力，充满了智慧的表情
口吻十分长，使我能够逮住猎物，并能长时间控制它
颈部有足够的长度，使颌部能延伸出去，并捡回猎物
皮肤紧密而贴身
大腿结实且肌肉发达
步态平顺、柔软，后躯驱动力强大、平稳

原产国： 德国 | **血统：** 西班牙波音达犬×意大利波音达犬×英国波音达犬 | **起源时间：** 18世纪

习性 德国短毛指示犬随时随地显示出力量、耐力、敏捷、警惕的猎犬特点，是一种友善、聪明、乐于助人的犬。它渴望工作，乐于奉献，热情、积极、忠诚、勇敢，学习能力强，喜欢跟儿童一起玩耍，对其他犬及家养宠物友好。它平时安静、可靠，具有自我约束力，气质高贵，形象优雅，看门护院也能保持整洁从容的神态，不愧是严格意义上的万能猎犬。平均寿命为12~15年。

狗狗档案

别名：德国短毛犬

黏人程度	★★★☆☆
生人友善	★★★★☆
小孩友善	★★★★☆
动物友善	★★★★☆
喜叫程度	★☆☆☆☆
运动量	★☆☆☆☆
可训练性	★★★☆☆
御寒能力	★★★☆☆
耐热能力	★★★☆☆
掉毛情况	★☆☆☆☆
城市适应性	★★★☆☆

养护要点 ❶每天为德国短毛指示犬梳理毛发可激发它自身产生油脂，使毛发油亮、健康。❷定期修剪指甲，尽可能保持短一些，参展时可在趾甲上涂抹少量毛油，使毛色更加闪亮。❸定期为它的牙齿除垢。慎重修剪胡须和脸上的装饰毛，腹部、肋骨、大腿后部、尾巴尖的毛应仔细修剪。耳朵用棉花或质量好的清洁剂轻轻擦洗。❹一两天给它洗一次澡。❺易于训练，要保持训练的一贯性，并严格坚持。❻它比较适合喜爱运动的家庭饲养，需要长时间散步，喜欢游泳和寻回游戏，保证它享受足户外活动。

品种标准

FCI AKC ANKC

CKC KC(UK) NZKC UKC

我是多用途的枪猎犬，无论在水中还是陆地上，执行各种困难任务都难不倒我；参加犬展或犬类比赛时，多用途与多功能是评判我的必然考量

我被认为是一个贵族化、非常聪明、平稳协调、轮廓优雅匀称的动物

体型：中等 | 体重：20~32千克 | 毛色：棕色、浅棕、深棕、白色、黑色

戈登塞特犬 Gordon setter

性情： *快乐、机警、兴奋、无畏、坚强、聪明、忠诚*

养护： *容易养*

戈登塞特犬拥有高超的狩猎能力和漂亮的外表、敏捷的身手和超强的记忆能力，总热切地期盼着能帮主人做些什么。它的起源可以追溯到1620年，当时在苏格兰地区非常流行，1820年被戈登四世公爵在自家的养犬场中饲养。1842年，乔治•勃朗特将一对戈登塞特犬带入美国，在之后几年的培育中，他将该犬分别与来自英国、斯堪的纳维亚和美国本土的犬进行交配，形成了我们今天看到的戈登塞特犬。

精细的颈部与头部形成弓形

整体形态给人以匀称平稳的感觉

形态 戈登塞特犬身体结实，大小适中，身高60~69厘米，头部轮廓分明；耳朵间距大，耳位低，折叠并贴近头部；眼睛深棕色；鼻子黑色，鼻孔张开；嘴唇界限清晰，牙齿剪状咬合。颈部瘦长；背线倾斜，背部强壮而短；胸深；腰短而宽；臀部较平坦；脚趾拱起，并有厚的肉垫；尾巴较短直，有良好的丛毛。后腿肌肉发达，膝关节弯曲良好。被毛柔软而有光泽，直或略有波纹，不卷曲；毛发细、中等长度。

我骨骼肌肉发达，强健、活泼而美丽，可以整天在野外工作
眼睛明亮深邃，晶莹而敏锐，感情丰富，呈现高贵而有尊严的性情特征
我的嗅觉是第一流的，追捕猎物中很少做出错误判断与指示

原产国： 英国 | **血统：** 苏格兰地区唯一的猎鸟犬 | **起源时间：** 1620年

习性 戈登塞特犬被认为是最强壮、也最笨重和最迟缓的犬，这和它喜欢静静地蹲着等待猎人与猎物有关。在长毛猎犬中，它曾经是不受普遍欢迎的一种，因而它也被称为戈登蹲猎犬。其实它友善、随和、忠诚、顺从，也是优良的伴侣犬。能适应寒冷的气候，耐寒能力很强，不耐热。寿命不是很长，如果养护得当，它通常可以为饲主工作10~12年。

养护要点 ❶戈登塞特犬的毛发多且长，需要经常梳理，顺着毛发生长的走向，从躯干梳到尾部，再梳理头部毛发，动作轻柔，尤其对于打结或板结的毛发，不要抻拽。❷多抽出时间陪伴它，每天带它到户外散步、运动，多与它交流，让它有被爱护的良好感受。❸在炎热夏季，由于它被毛丰厚散热慢，主人要帮它防暑降温，及时给它洗澡，保持清洁。❹容易训练，也易与其他犬友好相处，但在训练时不要因为它好静不好动而嗔怪或训斥它，要掌握科学有效的方法并有控制力地坚持。

狗狗档案

别名：戈登雪达	
黏人程度	★★★☆☆
生人友善	★★★☆☆
小孩友善	★★★★☆
动物友善	★★★★☆
喜叫程度	★☆☆☆☆
运动量	★★★☆☆
可训练性	★★★☆☆
御寒能力	★★★★☆
耐热能力	★☆☆☆☆
掉毛情况	★☆☆☆☆
城市适应性	★★★☆☆

品种标准

FCI AKC ANKC

CKC KC(UK) NZKC UKC

我不是奔跑速度很快的犬，但有良好的耐力和持久性，很像坚韧执着又牢固的生命体或物品，能够从早到晚坚持在原地稳定不动，以优雅美丽的外形呈现十足的猎犬本色

体型：大型 | **体重**：26~30千克 | **毛色**：黑色和黄褐色、栗色、赤褐色

爱尔兰塞特犬 Irish setter

上臂和肩胛角度适当，肘部活动自由

被毛红褐色或浓艳的栗红色而不带黑色

***性情：**贪玩、热情、开朗、性情稳定*

***养护：**中等难度*

一般犬类的名字都会与其起源或早期历史有关，但在爱尔兰塞特犬的名字中却找不到任何有关线索，故此人们对其具体起源时间的概念一直处于模糊状态。对于它的血统有两种说法，一种是爱尔兰梗和爱尔兰水猎犬的后代，经证实并不可信；另一种说法称它是英国塞特犬、激飞猎犬等犬杂交而成，也有待考证。

形态 爱尔兰塞特犬肩高超过61厘米，头部长而瘦，颅部椭圆形；耳壳薄，下垂，贴着头部，耳长几乎到达鼻部；眼略呈杏仁形，两眼间颇宽，眼深褐色至中褐色；吻深中等，两颌接近等长；鼻黑色或巧克力色，鼻孔宽；牙齿呈剪状咬合或钳状咬合。颈长适度，强壮而稍拱起；肩胛长而宽；躯干充分长，使步伐直而自由；胸深而适度宽；腰坚实，长度适中。前腿直而肌肉发达；后躯宽而有力，大腿发达；膝关节弯曲良好；脚颇小，非常结实；尾长且直或稍向上弯。全部被毛和饰毛直，没有卷曲或波纹。

精致清晰的轮廓突出了头部的美丽，表情柔和而警惕
我活泼矫健，是浑身上下都充满贵族气息的猎鸟犬，具有出色的能力和适应性，最初用于狩猎鹌鹑、松鸡等
身材结实优美、线条流畅、体态匀称，被毛直细而光泽美丽，毛色为浓艳的红色，被美术家称为最美的犬

原产国：爱尔兰 | **血统：**不详 | **起源时间：**不详

习性 爱尔兰赛特犬在野外是行动迅捷的猎犬，在家中则性格可爱，喜欢嬉戏玩耍，是易于训练的忠诚伴侣犬。它有招人喜爱的魔力，勇敢、温和、忠诚、坚韧而健壮，颜值极高且性格外向稳定，对人友善且落落大方，几乎从不疲倦，极少有攻击行为或敌意产生。它属于晚成型的犬，需要更多的训练时间，但它很有耐心，在训练中不太会产生厌烦情绪。平均寿命为11~15岁。

步态大，活跃，优美和高效

养护要点 ❶爱尔兰塞特犬不适合在狭小的空间或公寓中饲养，最好养在院落中。❷毛发需要每天梳理。足够的运动量必须保障，每天两次户外跟随自行车奔跑，每次60分钟为宜。❸需要更多的训练，过多依赖驯养者，所以主人要对它有充分耐心。❹它倔强，缺乏足够的独立性，但不会达到难以控制的地步，初次养护要尽快了解其个性特点。❺它好学，有耐力，一生都可以接受训练，最终不会让主人失望。❻癫痫、皮肤病、髋关节发育不全、眼疾等是易患疾病，养护中多加关注。

狗狗档案

别名：爱尔兰雪达

黏人程度	★★★☆☆
生人友善	★★★★☆
小孩友善	★★★☆☆
动物友善	★★★★☆
喜叫程度	★★☆☆☆
运动量	★★★☆☆
可训练性	★★★★☆
御寒能力	★★★☆☆
耐热能力	★☆☆☆☆
掉毛情况	★★☆☆☆
城市适应性	★★★☆☆

品种标准

FCI AKC ANKC

CKC KC(UK) NZKC UKC

主人会为我的外表、性格和成绩而骄傲

霍克瓦特在《现代赛特》一书中曾写道，爱尔兰赛特犬具有时尚的高贵血统，这一评价是从长期野外观察中得出，它能精力充沛地在灌木丛中连续工作，在各种恶劣环境中都是优秀的猎鸟犬

体型：大型 | 体重：27~32千克 | 毛色：红色

威玛猎犬 Weimaraner

性情：*友好、温顺、大胆、机警、服从性强、忠诚*
养护：*容易养*

威玛猎犬的历史起源可以追溯到19世纪初期，它早期在威玛贵族的宅邸中进行培育，后来融入一些德国已经培育完备的犬种血统，血缇是祖先之一，德国短毛指示犬是它的近亲之一。受时代影响，它自被承认为一个独立犬种便具有理想体型和优良品质，最早被归为指示犬，用于猎取狼、鹿、熊等猎物，后来由于大型狩猎活动在德国被人们抛弃，它开始作为猎鸟犬。

形态 威玛猎犬体型中等，身高59~68.6厘米，头部比例协调；耳朵很长，呈扇形树叶形状，折叠下垂；眼睛之间宽度很大，目光敏锐，眼神聪明伶俐；鼻镜灰色；嘴唇粉红色或肉色，牙龈和嘴唇颜色一样，牙齿剪状咬合。背部长度适中，非常直，结实、有力。胸部深而发达，肩胛向后倾斜。肋骨很长，有良好的支撑性。前肢非常直且很结实。后躯有非常发达的肌肉组织。足爪排列紧凑、密集、稳当、牢固。脚垫丰厚、结实。尾巴轻盈、自信而健康。被毛非常短，为平滑而有光泽的灰色。

我形态优雅，贵族气十足，表情平易近人，皮肤紧绷透出干练的气质
眼睛颜色为深浅不一的浅琥珀色、灰色或蓝灰色，高兴时，眼睛为黑色

原产国：德国 | **血统：**血缇为其祖先之一 | **起源时间：**19世纪初期

习性 威玛猎犬有流线型构造，速度非常快，野外工作时体现出勇猛的迅捷和超强的耐力。同时它的动作十分优雅、美观、协调，气质好，形象佳，性情平易近人，温和忠诚，善于服从，喜欢和主人撒娇，常惹得主人不由自主地溺爱它。往往由于这个原因，它害怕孤单、寂寞，如感觉受到冷落会表现出神经质的一面。平均寿命为10~12年间。

养护要点 ❶威玛猎犬需要大量的运动，最好饲养在院落中。❷喂食要定时、定量、固定地点，让它形成良好的条件反射，促进胃液分泌，增加食欲，帮助消化吸收；喂食前后不要让它做激烈运动。❸可用兽毛刷梳理被毛，定期洗澡与修剪趾甲。❹每天带它外出慢跑或散步两次，每次以运动60分钟左右为宜。

狗狗档案

别名：威玛犬	
黏人程度	★★☆☆☆
生人友善	★★☆☆☆
小孩友善	★★★☆☆
动物友善	★★★☆☆
喜叫程度	★★★☆☆
运动量	★★★☆☆
可训练性	★★⯪☆☆
御寒能力	★★★★☆
耐热能力	★★★★☆
掉毛情况	★★★☆☆
城市适应性	★★★★⯪

品种标准

FCI AKC ANKC

CKC KC(UK) NZKC

我属于毅力非常强、头脑机智灵敏、精力旺盛的狩猎犬，被用来猎熊、狼、山猪等凶残的野兽，后来又担任猎鸟、追踪、寻回的工作，能出色胜任，因多才多艺、多功能而受到狩猎家们喜爱，是他们的骄傲与心爱伴侣犬
颈部线条干净、整齐
步态轻松、自如、平滑
背部由马肩隆开始，向后一点点倾斜下去

体型：大型 | 体重：25~41千克 | 毛色：灰色

维兹拉犬 Vizsla

性情：*活泼、开朗、大胆、情感丰富、态度温和、服从性强*

养护：*容易养*

维兹拉犬的肖像最早出现在10~14世纪的石版画和手稿插图中，当时它深受贵族和将军的喜爱并保持着比较纯正的血统。它的具体起源时间不详，能够确定的是其祖先在1000多年前跟随蒙古游牧部落迁往中欧，即现在的匈牙利。当时匈牙利的大部分土地是农田和牧场，引来不少松鸡和野鸟，加之野兔繁衍过剩，在狩猎方面有着一身好本事的维兹拉犬便理所当然地发展了起来。

口吻深，既不向上翘，也不向下倾斜

形态 维兹拉犬身高57~64厘米，脑袋在耳朵之间略宽，中心线向前延伸到前额。耳朵薄、柔滑而长，耳郭末端圆，位置低，贴近面颊。眼睛中等大小，周围围绕着薄薄的白色。鼻孔略微张开。颌部结实而发达，牙齿剪状咬合。颈部结实、平顺且肌肉发达。身躯结实且非常匀称；背部短，背线略微圆拱，越过腰部，在尾根处结束；肩胛骨相当长且宽，适度向后倾斜，顶端非常靠近；胸部宽度适中；肋骨支撑良好；尾巴根部粗。前肢直而肌肉发达，肘部贴近身躯。足爪类似猫足，圆而紧凑，脚趾紧密；脚垫厚实而坚硬。被毛短、平顺、浓密且平贴，颜色为不同深浅的纯金黄锈色。

眼睛颜色与被毛颜色相称

嘴唇既不松弛，也不下垂

我举止优雅，纯金黄锈色的短被毛引人注目，肌肉强壮结实，在野外奔跑有力，同时温驯而富于感情，肌肉发达，相貌和姿态高贵

原产国：匈牙利 | 血统：祖先为蒙古族游牧部落的猎犬和伴侣犬 | 起源时间：不详

习性 维兹拉犬精力充沛，身躯轻盈，活泼温和又守规矩，似乎有“双重”狗格。在野外，它有强大的奔跑驱动力，有极好的嗅觉，有非常勇敢狩猎犬的本能。在家庭中，它则驯服、可靠，容易被调教，是主人挚爱的敏感的伴侣犬，对主人忠诚，对孩子温柔，和其他动物融洽相处。适合城市生活，需要充分的运动空间。有较强的接受训练的能力。耐热不耐寒。平均寿命为12~14年。

养护要点 ❶维兹拉犬是短毛犬，不需要经常梳理被毛。❷适应炎热的天气，较难适应寒冷气候，冬天注意保暖，尤其养在院子里，勿使它受冻感冒。❸定期将它的胡子和眼睛及脸颊上的毛发修理得短一些，让脸部更光滑，并与金黄锈色的毛发相配。❹洗澡可使它被毛闪光，像蚕丝一样柔软。❺耳朵需要定期彻底清洁。❻定期将脚趾甲修短，修剪脚趾间的毛，短尾尖上的毛也要修整干净。❼皮肤很敏感，可以使用人类用的香皂和洗发精。

狗狗档案

别名：匈牙利指示猎犬

黏人程度	★★★★★
生人友善	★☆☆☆☆
小孩友善	★★★☆☆
动物友善	★★★☆☆
喜叫程度	★★★☆☆
运动量	★★★★☆
可训练性	★★☆☆☆
御寒能力	★☆☆☆☆
耐热能力	★★★★☆
掉毛情况	★★★☆☆
城市适应性	★★★★☆

品种标准

FCI AKC ANKC

CKC KC(UK) NZKC UKC

有魅力的金黄锈色是我的招牌颜色，与猎人一起外出，与主人一起散步，与孩子一起玩耍，都能闪亮登场

当我嗅到以前遗留下来的排泄物气味，会走到同一地点排便，若在花园或野外，我会用树叶、青草或沙土等把粪便埋起来

步态伸展充分，脚步轻盈，平顺而优美

体型：中等 | 体重：18~30千克 | 毛色：不同深浅的纯金黄锈色

维兹拉犬能够锲而不舍地跟踪猎物踪迹，认真、耐心而负责地通知地点、拾取猎物，并把猎物运回。坚毅得不屈不挠，所以即使身上有伤疤，也是工作犬及猎犬荣耀的象征，而得到赞赏。

PART 6

220~249页

非运动犬

松狮犬 Chow Chow

性情： *热情、机智、独立、机警*

养护： *中等难度*

目前为止，关于松狮犬的最早记载出自汉代的浮雕，可以推断它2000年前便已存在。起初，人们推断它是藏獒和萨摩耶犬的后代，但它的蓝色舌头显示这一推断是错误的。更多人认为它是一种原始犬种，是我们现在所见到的许多犬的祖先。公元7世纪，它是唐朝皇帝最宠爱的猎犬，近几个世纪它被当作运动犬，到了现代它才被当作宠物犬、守护犬。

形态 松狮犬雄犬身高48~56厘米，雌犬身高46~51厘米，头顶平，颅骨较宽；耳朵厚，直立，距离较宽；眼睛黑色，呈杏核状；嘴巴和舌头蓝黑色。胸部厚实，背部短且平直。前肢长而结实，后肢直而肌肉发达。足部如猫的足部，小而圆。尾根较高，起始于背部脊柱线并贴于背部。被毛双层，浓密直立，雄犬颈部毛发比雌犬多，因为毛长，通常打着褶。

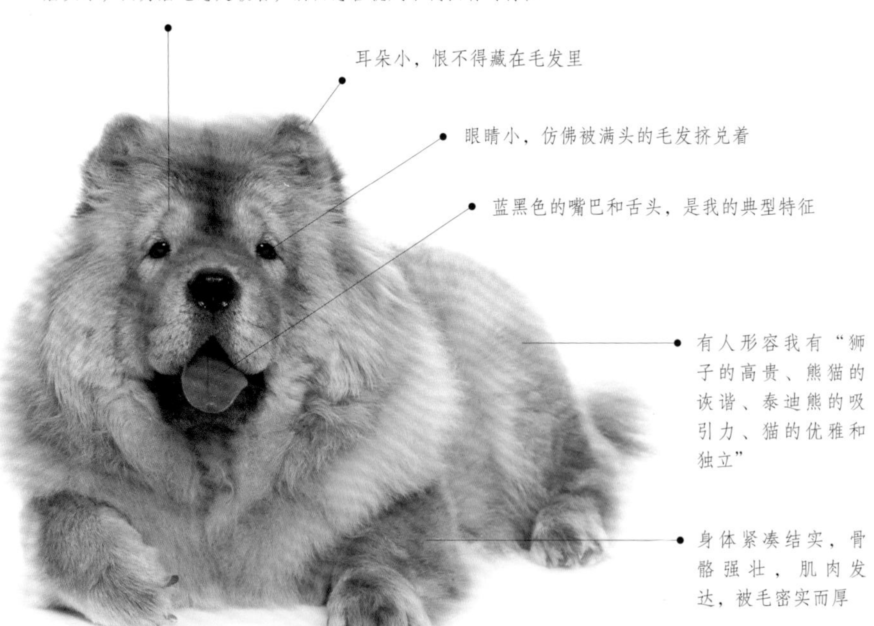
眉头小，因为眉毛总是皱着，满面愁容就成了我独有的特征
耳朵小，恨不得藏在毛发里
眼睛小，仿佛被满头的毛发挤兑着
蓝黑色的嘴巴和舌头，是我的典型特征
有人形容我有“狮子的高贵、熊猫的诙谐、泰迪熊的吸引力、猫的优雅和独立”
身体紧凑结实，骨骼强壮，肌肉发达，被毛密实而厚

原产国：中国 | 血统：不详 | 起源时间：2000多年前

习性 松狮犬对主人忠诚，但不卑躬屈膝，个性独立，不算听话，主人不能无视它的尊严。它表现出攻击性行为，或过于警觉、冷漠，往往是驯养不当造成。它也有温顺的一面，喜欢和熟悉的人拥抱、玩耍，不会挑起事端，遭到戏弄会恼怒。喜欢散步，不喜欢奔跑。教养得当，它可以成为狩猎犬、拖曳犬、护卫犬和伴侣犬。平均寿命为11~12年。

养护要点 ❶松狮犬每天需喂食300克肉类和300克麦片、饼干等。❷毛发浓密，爱整洁，要养成经常梳理毛发的习惯，以免增加养护难度。❸耳朵小，洗澡时要防止水进入导致发炎。洗澡后要用吹风机把厚实的毛发吹干，尤其是颈部毛发密集处。❹酷夏唾液增多，注意帮它清洁嘴部下面的毛发，并将背部毛发剪短以防暑。❺每周剪趾甲，注意不能剪得太短，细心剪去趾间毛发，以免积累污垢。

狗狗档案

别名：熊狮犬

黏人程度	★★★★☆
生人友善	★☆☆☆☆
小孩友善	★☆☆☆☆
动物友善	★★★☆☆
喜叫程度	★☆☆☆☆
运动量	★★☆☆☆
可训练性	★☆☆☆☆
御寒能力	★★★★☆
耐热能力	★★★★☆
掉毛情况	★☆☆☆☆
城市适应性	★★★½☆

品种标准

FCI AKC ANKC

CKC KC(UK) NZKC UKC

体型：中等 | **体重：**21~32千克 | **毛色：**红色、黑色、蓝色、肉桂色、淡黄色

中国沙皮犬 SharPei

性情： *稳重、机警、聪慧、大方、独立、忠诚*
养护： *饲养难度大*

中国沙皮犬起源于广东省大沥镇，是独具特色的古老犬种，已经存在了几千年。在汉代出土的雕塑中曾有形似它的犬类，在13世纪中国作家的手稿中也出现过符合它外观的犬。中国沙皮犬的名字来源于它的外表，沙状的皮肤也被翻译为“砂纸状被毛”或“粗糙被毛”。它与松狮犬都有蓝黑色的舌头，人们推断它们可能有着共同的祖先。这种犬在中华人民共和国建立初期几乎绝种，只在中国台湾和香港还留有一些。

形态 中国沙皮犬身高46~51厘米。头部大，脑袋平而宽；耳朵极小且较厚，呈等边三角形；眼睛小且凹陷，呈杏仁状；牙齿结实，剪状咬合，舌头、口腔内上半部、牙龈和上唇为蓝黑色或淡紫色。颈部丰满，有松弛的皮肤、丰富的褶皱和可爱的赘肉；肩部肌肉发达，向后倾斜；背部短；胸部宽而深；臀部平坦；尾根位置非常高。前肢笔直，双前肢距离略宽，骨骼坚固，有中等大小足爪，紧凑而稳固。后躯肌肉发达，结实感十足。被毛极度粗硬，一般没有光泽，毛色通常为纯色和貂皮色。

前额覆盖着大量皱纹，从两侧延伸直到脸部
双耳距离较宽，朝向前面，耳朵尖端指向眼睛，尖端略圆
眼睛颜色较深，给人愁眉不展的印象
口吻宽而丰满，为著名的河马式
松弛的皮肤布满褶皱，小小的耳朵，河马式的口吻，赋予我独一无二的特殊外貌
尾巴粗而圆，尖端细，呈锥形；圆尾巴高举在背上，是我独有的特征之一
步态舒展而平稳

原产国： 中国 | **血统：** 与松狮犬有共同的祖先，具体无法考证 | **起源时间：** 几千年前

习性 中国沙皮犬性情温柔，活泼快乐，是伴侣犬中的佳品，对主人忠诚、真挚，贴心又顽皮。长时间的驯化后个性变得更温柔，但称不上是很好驯养的狗。它有自己的想法、独立的个性，喜欢沉浸在小世界里自得其乐。主人要尊重它的个性，摸透它的脾气。平均寿命为11~12年。

养护要点 ❶中国沙皮犬有天生的体臭，这是油脂分泌旺盛所致，不能洗澡太勤，以免刺激油脂过度分泌导致脂溢性皮炎，每天早晚30分钟外出运动或晒太阳是解决体臭的办法。❷要定期洗澡，尤其在湿热季节，保持环境的干燥与清洁，洗完后用吹风机吹干，特别是褶皱里面。❸容易出现睫毛内翻，是褶皱和皮肤下垂造成的，严重时需要开刀治疗。❹主人要多训练它，让它不随意吠叫，执行指令。❺常见疾病有过敏性皮炎、软骨病、湿疹、外耳炎、肥大性骨病等，养护时多加注意。

狗狗档案

别名：沙皮

黏人程度	★★★★★
生人友善	★☆☆☆☆
小孩友善	★★★☆☆
动物友善	★★★☆☆
喜叫程度	★★★☆☆
运动量	★★★★☆
可训练性	★★☆☆☆
御寒能力	★★★★☆
耐热能力	★☆☆☆☆
掉毛情况	★★★☆☆
城市适应性	★★★★☆

品种标准

FCI AKC ANKC

CKC KC(UK) NZKC UKC

我是世界上最珍贵的犬种之一，有强韧的被毛、下垂的皮皱，形象与众不同，皱眉垂眼的表情使我看起来总是很忧郁

我曾是优秀的猎猪犬、有名的斗犬，有野性凶狠的基因，但没有强烈的攻击性

体型：中等 | **体重**：18~23千克 | **毛色**：纯色、貂皮色

爱斯基摩犬 American Eskimo dog

性情：*聪明、机警、友好、保守、学习能力强*

养护：*容易养*

19世纪，美国德国移民社区中常见一种体型偏小的白色波美拉尼亚犬，受区域影响，人们在它的名字前加上“American”，就是今天的爱斯基摩犬。它融合了德国波美拉尼亚丝毛犬、白色荷兰卷毛犬、白色波美拉尼亚犬、白色意大利波美拉尼亚丝毛犬以及日本波美拉尼亚犬的血统，早期经常出现在美国内陆巡回演出的马戏团中。

足爪像穿上了雪鞋，紧凑而且深，
足趾间有保护性的毛发

形态 爱斯基摩犬身高58~61厘米，头部宽且深，与身体比例相称。耳朵与头部相比略小一些，呈三角形，耳尖稍圆；褐色眼睛位置略斜，中等大小，呈杏仁状；口吻长而大，牙齿巨大。颈部结实，略呈弧形；后背很直，略向臀部倾斜；胸部发达；躯干简洁；腰部肌肉发达结实强壮。前肢骨骼粗壮且肌肉发达；整个大腿肌肉非常发达；后膝关节适度倾斜；足爪大，足趾紧致，脚垫厚而稳固。双层被毛竖立，底毛浓厚，外层被毛较长，笔直。

两耳间的头颅宽，
略微隆起
双耳间距较大，与外眼角成一条直线，
耳朵能笔直竖起或略向前倾
两眼间有轻微的皱纹，
表情柔和、充满友爱
黑色的鼻镜、眼圈和嘴唇

原产国：美国 | **血统**：为波美拉尼亚丝毛犬家族中的一员 | **起源时间**：19世纪

习性 爱斯基摩犬待人友善、忠诚而富有感情，它外表高贵、成熟、优雅，生性勇敢、机警，动作敏捷有力，同生活在极地的萨摩耶犬一样高颜值。它体质非常好，聪明而保守，平稳的步伐中透出高警惕性，是忠诚而卓越的守护犬，会以吠声提醒家人有陌生人靠近，但通常不会攻击人。它能很快学会新技能，热衷于向主人献殷勤。被毛浓密，可抵御冰雪严寒。平均寿命为13~15年。

养护要点 ❶爱斯基摩犬需要充足的饮食营养，每天除喂蔬菜、饼干外，还应喂150~200克肉类。❷天凉时，每隔2~3星期为它洗一次澡；炎热夏季，每隔3~5天洗一次澡。❸每天用脱脂棉蘸水给它擦拭眼、鼻及口吻部，保持面部清洁。❹它的眼睛有较大面积暴露在外，容易引发细菌感染，每隔1~2天宜用眼药水滴眼一次，以达到预防效果；如果眼睛红肿发炎，要请医生诊治。❺需要一定的活动量，每天要带它外出散步、奔跑或嬉戏。❻较易训练，让它把身体向前倾并挺起，四肢挺直，做出昂首挺胸的姿势，多重复几次，它就会反射性地摆出标准的优美姿势。

狗狗档案

别名：不详

黏人程度	★★★☆☆
生人友善	★★☆☆☆
小孩友善	★★★★☆
动物友善	★★★☆☆
喜叫程度	★★★☆☆
运动量	★★★☆☆
可训练性	★★★★☆
御寒能力	★★★★½
耐热能力	★★★★½
掉毛情况	★★★★☆
城市适应性	★★★★☆

品种标准

AKC CKC UKC

体型：中等 | 体重：25~35千克 | 毛色：纯白色、棕黄色、纯白色和棕黄色

拉萨犬 Lhasa Apso

性情： *活泼、自信、热情、忠诚、警惕*
养护： *中等难度*

拉萨犬是西藏本土出产的三个犬种之一，在当地被誉为“会吠叫的狮子哨兵”。西藏的冬天极冷夏天极热，有许多高山和深谷，甚至连一些野兽也无法在那里生存，所以拉萨犬生来便有强壮的体魄，可以抵御严寒酷暑。与被拴在门外看家护院的凶猛犬种不同，它被作为室内护卫犬饲养。它最早出现在拉萨周围的乡村和喇嘛庙里，具有敏锐的感官和直觉，聪明，能精准地分辨出熟人和陌生人。

形态 拉萨犬体高25~28厘米，雄性比雌性略大一些，脑袋较窄，在眼睛后面有明显的凹陷，不平坦也不拱起；耳朵羽状饰毛丰富而下垂；前脸长且笔直，眼睛深褐色，不太大却饱满；口吻长度适中，牙齿为钳状咬合。从肩关节到臀部距离略大于肩高；肋骨有很好的支撑性；腰部结实；后躯和大腿肌肉发达；前腿直；足爪有许多羽状饰毛，圆圆的像猫足，脚垫厚实。尾巴呈螺旋状卷在背后，有大量羽状饰毛，末端时有纠结。被毛浓密又长，质地沉重、直且硬，不像羊毛质或丝质那般柔软。

外貌如狮子，头部有丰富的饰毛，垂落在眼前，还有大量胡须和髭须
我除被称为拉萨狮子犬外，还被称为“驱魔圣犬”
我拥有美丽的胡须和长的颜鬓，可爱的尾上翘，呈菊花形
毛色有朱砂色、金黄色、花色、灰色和黑、白、茶等各种颜色，耳朵和胡须有的带有深色末梢

原产国：中国 | 血统：室内守护犬 | 起源时间：不详

习性 拉萨犬非常强壮，忍耐力极佳，分辨陌生人的能力强，听力和观察力相当敏锐，对陌生人警戒心强，谨慎而保守，是理想的家庭犬。由于它体型不大，天性不凶悍，常被养护在室内作护卫犬。它自尊心强，性格开朗，活泼自信，对主人服从、忠诚，沉着而勇敢，也是很出色的警戒犬和伴侣犬。它喜欢吠叫。养护得当寿命较长，平均寿命可达18~20年。

养护要点 ❶每天给拉萨犬梳理一次毛发，仔细清理眼睛和耳朵周围，并检查脚部有无污垢与杂物。❷每天早晚各需要10分钟左右的散步运动。❸满12个月的成犬每天晚上喂食一次即可，也可以一天喂两餐，不要过多喂，否则容易引起呕吐及下痢。❹训练它在固定地点进食，避免家人用餐时间它过来索取食物。❺饮水要随时准备好，保证它有充足的饮水量，尤其在炎热天气或生病时。❻如果发现它异常口渴，可能是生了某种疾病，应及时带它去看兽医。

狗狗档案

别名：西藏狮子犬

黏人程度	★★★☆☆
生人友善	★★☆☆☆
小孩友善	★☆☆☆☆
动物友善	★★★☆☆
喜叫程度	★★★½☆
运动量	★★★★☆
可训练性	★★★☆☆
御寒能力	★★★½☆
耐热能力	★★½☆☆
掉毛情况	★★★½☆
城市适应性	★★★★★

品种标准

FCI AKC ANKC

CKC KC(UK) NZKC UKC

我被僧侣视为神圣之物，他们认为养护者死后，灵魂可寄附于我的体内，可为主人祈福和带来好运；历史上达赖喇嘛曾将我当作赠礼

前腿和后腿同样覆盖有大量的毛发

体型：小型 | **体重：**6~7千克 | **毛色：**朱砂色、金黄色、花色、灰色和黑、白、茶等各种颜色

荷兰毛狮犬 Keeshond

***性情：**和善、友好、活泼、聪明、机警、不好斗*

***养护：**容易养*

荷兰毛狮犬也称凯斯犬，几百年来一直备受荷兰人喜爱，是荷兰国犬。它从未从事过任何职业，包括狩猎，而靠自身独特的魅力赢得了一个民族的喜爱。它在荷兰之所以地位举足轻重，主要由于当时荷兰分为两派，爱国者一派的领导者饲养了一只名叫凯斯的荷兰毛狮犬，它逐渐变成爱国者一派的象征。到了18世纪后半叶，由于橘色王公贵族派掌权，它受到了打压，直至1920年才走出阴影。

形态 荷兰毛狮犬身高43~46厘米，头部呈楔形，与身躯比例非常协调；耳朵小，呈三角形竖立；眼睛深褐色，中等大小，杏仁状；口吻中等长度，不粗糙也不尖细，牙齿呈剪状咬合。身躯紧凑，颈部中等长度；背部短、略微向下向后倾斜；胸部深而结实；肋骨圆桶状且支撑良好；腰部短；腹部略微上提。前肢直，后躯与前躯对应，形成平衡而典型的步态；后腿肌肉发达；足爪圆而紧凑，类似猫足。尾巴紧紧卷在后背，有大量羽状饰毛。身躯上覆盖又长又直又粗硬的丰富毛发，底毛浓厚、毛茸茸的。

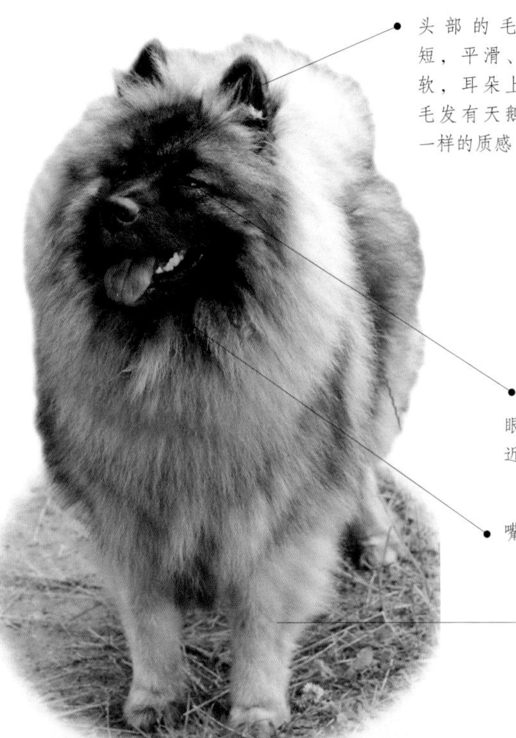

头部的毛发短，平滑、柔软，耳朵上的毛发有天鹅绒一样的质感

眼睛略微倾斜，距离不太宽，也不太近，眼圈为黑色

嘴唇为黑色，不太厚，嘴角没有皱纹

毛色混合了灰色、黑色和奶酪色

原产国：荷兰 | 血统：荷兰国犬 | 起源时间：几百年前

习性 荷兰毛狮犬与其他狐狸犬性情不同，它对陌生人友善，乐于社交，喜欢围绕主人跑来跑去，也喜欢和小孩子玩耍，很有耐心、温和、开朗，是孩子的理想玩伴。它记忆力超群，观察力敏锐，常查看周围环境和动静，是称职的警卫犬。它温和，不过于活跃，也不会大声吠叫。它常静静地守在主人身边，对主人非常忠诚，乐于讨主人欢心。它耐心十足，经常给主人带来快乐与慰籍。平均寿命为12~15岁。

养护要点 ❶荷兰毛狮犬适应城市生活，可以养在公寓内，养在院子里则更好。❷它需要足够的运动量，每天可进行两次户外散步，每次30分钟。❸每天为它梳理被毛。❹它毛量多，无论什么季节，洗完澡后都应该及时将毛发吹干，避免着凉或湿气过重影响健康。❺初养时有一定训练难度，主人要掌握训练技巧。❻遗传病主要为髋关节发育不良，训练适度可保证它发育良好。❼常见疾病有干眼病、过敏性皮肤病、气管萎陷、水脑症等。

狗狗档案

别名：荷兰毛狮

黏人程度	★☆☆☆☆
生人友善	★☆☆☆☆
小孩友善	★★★★★
动物友善	★☆☆☆☆
喜叫程度	★☆☆☆☆
运动量	★☆☆☆☆
可训练性	★☆☆☆☆
御寒能力	★★★★☆
耐热能力	★★★½☆
掉毛情况	★★★☆☆
城市适应性	★★★★☆

品种标准

FCI AKC ANKC

CKC KC(UK) NZKC UKC

我体态匀称，美丽聪颖，眼睛和眼窝周围的斑纹及阴影组成精巧的线条，从外眼角向耳朵倾斜，与美丽的眉毛连接，构成了独具特色的相貌和机警的表情

我虽然体型不小，但继承了祖先蜷缩在船上狭小空间的本领，可以把身体缩成球形以节省空间

体型：中等 | 体重：25~30千克 | 毛色：灰色、黑色、奶酪色

大麦町犬 Dalmatian

性情： *沉稳、友善、机警、聪明*

养护： *中等难度*

大麦町犬的历史和血统存在着很大争论，起源地至今不明，人们争论了几个世纪也没有结果，唯一可以确定它是非常古老的犬种。关于它的雕塑、画像、文字记载在欧洲、亚洲和非洲都出现过。它有许多不同身份，有时会被当作军犬用来放哨，有时会被用来放羊，有时甚至参加战争和消防工作。考古学家曾发现一幅它跟在埃及马车旁进行护卫的雕刻画，证明了它作为护车犬的身份。

形态 大麦町犬身高50~61厘米，头部与整个身躯相当协调；耳朵位置较高，贴着头部，中等大小；眼睛略分开，有点圆；唇整洁而紧闭，颌结实，牙齿剪状咬合。颈部相当长，背线平滑，背部水平而结实；胸部深，胸腔容积大，肋骨支撑良好；腰短且肌肉发达，略微圆拱；臀部几乎是平的。前肢直而结实，骨骼强健；后躯和后腿非常有力，肌肉平滑清晰；膝关节弯曲良好；脚圆形，似猫足，脚趾紧密、坚硬且富有弹性。尾巴是背线的自然延伸。

耳郭薄而细腻，尖端略圆，处于警惕状态时，耳朵顶部与头顶齐平
头顶平坦，面颊平滑地融入有力的口吻中
我平衡性良好，身上有特殊斑点，肌肉发达、强健活泼

原产国：不详 | 血统：马车护卫犬 | 起源时间：不详

习性 大麦町犬精力旺盛，它平静而警惕，强健而活泼，喜欢规律性的大量运动，个头不大，力气不小，不适合体力不足的老年人和没时间陪它运动的人饲养。它性格友好，喜欢外出，生性喜欢与人亲近，不害羞，不紧张，善于外交，没有攻击性，非常受小孩欢迎，是优秀的玩耍伴侣。它聪明伶俐、敏锐非凡、温和坚韧，外向却不失沉稳，让人敬佩。平均寿命为10~12岁。

养护要点 ❶大麦町犬每天需梳理毛发，毛发脱落较多，室内饲养会对居家生活产生一定困扰，要及时清理。❷每天两次让它跟随自行车跑，每次60分钟。❸训练时及时奖励正确动作，及时纠正错误动作，先安排诱导性训练，再以较轻的机械刺激让它建立条件反射，口令和手势结合使用。❹被毛过短，皮肤裸露较多，室外饲养容易患皮炎，适合养在公寓里。❺狗耳内生长毛发，长期不清理容易导致发炎。❻眼睛和角膜容易受伤，主人要定期检查进行预防。❼常见疾病有膀胱结石、肾结石、皮肤过敏、角膜炎等，如果运动量不足或缺钙也易骨折。

狗狗档案

别名：斑点狗

黏人程度	★☆☆☆☆
生人友善	★★★★☆
小孩友善	★★★☆☆
动物友善	★★★☆☆
喜叫程度	★★☆☆☆
运动量	★★★★☆
可训练性	★★★★★
御寒能力	★★★½☆
耐热能力	★★★★☆
掉毛情况	★★★☆☆
城市适应性	★★★★½

品种标准

FCI AKC ANKC

CKC KC(UK) NZKC UKC

体型：中等 | 体重：23~25千克 | 毛色：白色带黑色或肝褐色斑点

西藏梗 Tibetan terrier

性情：敏锐、聪明、保守、忠诚、情感丰富

养护：中等难度

西藏梗被称为梗，是因为它的身形与梗犬相似，实际上它并没有梗犬的特性和能力，并非真正的梗犬。它起源于中国西藏，被称为“幸运的使者”或“圣犬”，当地人认为把它杂交会给家中和村子里带来不幸，所以它一直保持着纯种。西藏梗并非作为工作犬被培育，人们不需要它看家或牧羊，它的使命是陪伴，被作为伴侣犬饲养。

形态 西藏梗小巧结实，身高通常在36~41厘米。头骨不宽阔，中等长度，不粗糙；耳朵下垂；眼睛又大又圆，不突出也不深陷；鼻子黑色；口吻强壮，牙齿剪状咬合。前躯平行而且直，肩部柔和度良好；背部水平；腰部短，略微呈圆拱状态；臀部水平。脚部又大又圆，脚趾间有毛发。尾巴中等长度，位置较高，向背部卷曲。双层被毛，底毛柔软，有羊毛质感；外层被毛丰富而细腻，呈波浪状或笔直状。毛色任何颜色和颜色组合都有。

眼睛深褐色，有黑色眼圈，被密实的毛发遮挡，给人错觉，以为很小，其实不然
由于西藏恶劣的自然环境，我有着强健的体魄和超乎寻常的适应能力
头部毛发量多且长，下颚小，胡须量适中

原产国：中国 | 血统：源自西藏的幸运之犬 | 起源时间：2000多年前

习性 西藏梗身体极为健康，经过了严酷的自然选择。西藏的天气变化剧烈，冬天极冷，夏天酷热，它有丰厚的双层被毛和雪靴样的脚，适合在雪地、硬地上行走，脸部柔软的被毛可以保护眼睛，抵御风雪；在炎热、潮湿的夏天，它也能安然度过，打盹休息，自在逍遥。西藏人在饲养该犬种的过程中，保存了它们身上的任何一种颜色。它生性聪明、机敏，对主人忠诚而富有感情，但有时过于谨慎、保守和羞怯。适宜室内饲养。喜欢吠叫。平均寿命为12~15岁。

养护要点 ❶西藏梗的吠叫容易给主人带来困扰，训练时要找到吠叫的原因，对症下药，不可一味训斥。❷每天为它梳理毛发，一星期洗一次澡。❸要保证它足够的运动量，每天两次户外散步，一次20分钟。❹对客人怀有警戒心，主人可以抚摸着让它保持安静，边引导客人，逐渐让它对陌生人产生信赖感。❺电话铃声容易让它吠叫，可以轻拍它的身体让它冷静，它停止吠叫时要夸奖它听话懂事。

狗狗档案

别名：西藏爹利

黏人程度	★★☆☆☆
生人友善	★☆☆☆☆
小孩友善	★★★★☆
动物友善	★☆☆☆☆
喜叫程度	★★★☆☆
运动量	★★☆☆☆
可训练性	★★★★☆
御寒能力	★★★★☆
耐热能力	★★★★☆
掉毛情况	★★★★☆
城市适应性	★★★★☆

品种标准

FCI AKC ANKC

CKC KC(UK) NZKC UKC

人们把我当作孩子一样对待，精心地保持我的血统纯正，因为我被看作驱除恶灵的圣物，有精神寄托的因素

我有发达丰厚的双层被毛、紧凑的尺寸、敏捷的身躯，可以抵御严酷的气候条件

步态轻快自由，运动力很强

体型：中等 | **体重**：8~14千克 | **毛色**：几乎任何颜色

日本柴犬 Shiba inu

***性情：**大胆、温和、直率、自然、温和、独立、忠诚*

***养护：**中等难度*

日本柴犬是最古老的本土土著犬，已与日本人共同生活了几个世纪。它拥有灵敏的嗅觉和视觉，能适应各种环境地形，是优秀的猎犬。它的祖先是日本山区的幸存犬，其来源已经无法考证，可以确定的是最初被用来狩猎大型猎物。日本柴犬之名来源有多种说法，其一是它可以在灌木丛中自由穿梭而得来，但至今只有“日本柴犬之名最早出现在20世纪20年代”这一说法得到证实。

形态 日本柴犬身高37~40厘米；头部中等大小，前额宽而平坦；耳朵小，稳固地竖起，呈三角形；眼睛深褐色，形状接近三角形；口吻圆而丰满，给人稳固之感，嘴唇紧，牙齿剪状咬合。颈部粗壮、强健，长度适中；背线直，呈水平状到尾根处为止；身躯肌肉强健；胸部深而发达，肋骨适度支撑；腹部稳固而上提；背部稳固；腰部结实。前腿和足爪适度分开，足爪类似猫足，脚趾圆拱、紧凑，脚垫厚实。后腿结实。尾巴粗壮有力，呈镰刀状或卷曲状卷在背后。被毛短、密，毛色有赤色、白色和黑色。

耳朵间距较大，直接向前倾斜，耳朵位置深，向上并向耳根外侧倾斜，眼圈黑色
电影《柴犬奇迹物语》根据真实的故事改编，讲述了一只弃犬被后来的主人收养后，在一次地震中帮助被困主人脱险的感人故事。影片中英勇、大胆且有高贵品性的柴犬很好地体现了该犬类的感恩与忠诚

原产国：日本 | **血统：**古老的日本犬 | **起源时间：**几世纪前

习性 日本柴犬聪明、洁净，经常用舌头清洁脚掌和腿部，相对自律，能够很快适应室内生活。护卫能力强，对主人忠诚、亲切、富有感情。性格顺从沉稳又不失灵巧与雅致，敏锐而富有忍耐力，同时具有强烈的警戒心，地域观念较强，对陌生人警惕，有时会发出攻击，尤其对其他侵入领地的犬只，对信赖与尊敬的人亲切、充满挚爱。容易训练。爱用吠叫表达想法和与人交流，主人应懂得它的吠叫语言。平均寿命为10~11年。

养护要点 ❶日本柴犬爱清洁，应常梳理毛发。❷夏季每周洗澡1次，秋季每10天洗澡1次。❸需要足够的运动量，每天户外散步或活动可以提高它的体能储备，运动量满足后它在室内会比较安静。❹幼犬发育时需要摄入蛋白质、钙、磷等，动物心脏、肝脏、蛋黄、牛奶、米、麦、面包、面类、小鱼、鱼干、骨粉、蔬菜等它都喜欢。❺它与主人分离有精神压力，会叫；希望得到表扬也会叫；有新的发现或对主人有所提示也会叫，这一点在训练时要注意。

狗狗档案

别名：柴犬

黏人程度	★★☆☆☆
生人友善	★★★☆☆
小孩友善	★☆☆☆☆
动物友善	★★★☆☆
喜叫程度	★☆☆☆☆
运动量	★★★☆☆
可训练性	★★☆☆☆
御寒能力	★★★★★
耐热能力	★★★★★
掉毛情况	★☆☆☆☆
城市适应性	★★★★★

品种标准

FCI AKC ANKC

CKC KC(UK)

步态敏捷、轻盈而有弹性；小跑时，背线稳固、水平，活泼有力

我很爱干净，自小就会打理自己，是最干净的犬种之一

体型：中等 | **体重：**7~11千克 | **毛色：**赤色、白色、黑色

比熊犬 Bichon frise

性情： *优雅、开朗、活泼、聪明、敏感、顽皮*

养护： *容易养*

比熊犬也叫卷毛比熊犬，自古以来便极受欢迎，经常被远航水手作为礼物带往其他地区，最初被认可的地方是西班牙，那时它叫坦纳利弗犬。后来它在当地与其他犬杂交，变得更加惹人喜爱，逐渐有了比熊犬之名。1300年，它被远航的意大利水手发现，带回意大利后深受贵族喜爱，被剪成小狮子模样饲养在贵族庭院中。文艺复兴时期，它来到法国，在亨利三世时期备受宫廷人士推崇。

步态活泼可爱

形态 比熊犬身高20~30厘米。头骨很平；耳朵下垂，由纤细卷曲的长毛覆盖；面部平；眼睛黑，圆，不大；口吻不长，牙齿咬合正常。颈高昂且很长；肩部斜，外观与上臂长度均约为10厘米；胸部发育良好，胸骨突出；腰部宽且肌肉发达，略微拱起；臀部略圆。前腿笔直，骨形优美；后躯盆骨宽；大腿宽阔且肌肉发达，呈自然倾斜状态；脚强壮有力，趾甲黑色；尾巴位置略低于背线，举起时会欢快地弯曲，并同脊骨在同一条线上。

头骨摸起来很平，是大量的饰毛使其显得圆鼓鼓的

注意力集中时耳朵会向前举

眼神活泼，眼窝不突出

皮肤细嫩而不松弛，外观灵巧

原产国： 西班牙 | **血统：** 长毛犬×华特斑毛犬或巴比特犬×水猎犬 | **起源时间：** 12世纪前

习性 比熊犬性情开朗、敏感、活泼、顽皮，有愉快的态度，又勇敢、机警，且具有坚强的个性，彬彬有礼，感情丰富，温和守规矩，忠实于主人，却保持着独特的个性，爱好自由。它像小朋友的雪白毛绒玩具一般，用好奇的眼神与主人沟通和交流，让人心情愉悦。有较强的适应能力，喜欢城市生活，适合在室内饲养。它与主人感情往往非常深厚，精心养护，寿命可达12~14年。

狗狗档案

别名：巴比熊犬

黏人程度	★☆☆☆☆（半星）
生人友善	★★★★★
小孩友善	★★★☆☆
动物友善	★★★★☆
喜叫程度	★☆☆☆☆（半星）
运动量	★★☆☆☆
可训练性	★★★★☆
御寒能力	★★★½☆
耐热能力	★★★☆☆
掉毛情况	★☆☆☆☆（半星）
城市适应性	★★★★☆

品种标准

FCI AKC ANKC

CKC KC(UK) NZKC UKC

养护要点 ❶比熊犬天凉时每1~2天梳理一次毛发，天热时每日梳理，需请专业人员定期修剪。❷定期为它洗澡并吹干毛发，使外形蓬松、整齐和柔顺。❸需要有人陪伴，不适合繁忙的人饲养。❹生性好动，每天要带它外出奔跑与嬉戏。❺每天的饲料中应配肉类150~180克，加入等量干素料或饼干，用适量水拌匀。❻准备大一点的平底盘子，铺上几张染有犬尿迹的旧报纸作厕所，它大小便时闻着就过去了。❼过敏性体质，易患牙病，喂养时须注意。

我娇小、强健，是一种白色粉扑型的狗

我保证一定的运动量，可以增强体魄，加强抗病能力

体型：小型 | **体重**：5~7千克 | **毛色**：白色、乳黄色、杏仁色

比熊犬很容易因为一点小事情就心满意足，欢快地晃动着羽毛般卷在背后的尾巴，这个性情特点能给饲主带来许多快乐的享受，因而成为极受欢迎的伴侣犬和玩赏犬。

波士顿梗 Boston terrier

***性情：**友好、活泼、聪明、轻快、不好斗*
***养护：**容易养*

颈部到头部有
优雅的曲线

波士顿梗是美国本地的土著犬，起源于1870年，是英国斗牛犬和英国白梗的后代，今天它身上的英国斗牛犬特性依旧十分明显。第一只波士顿梗有着匀称的身形，黑色的被毛上混杂着漂亮的白色斑纹，体重约15千克。在美国，它曾被归类为斗牛犬或圆头犬，因外貌不似斗牛犬而遭到斗牛犬爱好者的反对。约1900年，波士顿梗的培育改良取得了很大进步，直到现在它的培育都未停止，具有极大的潜质。

形态 波士顿梗属于小型犬种，身高30~50厘米，平平的头顶，头盖有棱角；耳朵竖立且小巧；眼睛大且圆，呈黑色；鼻子黑色而且宽；口吻短宽、方形，牙齿呈剪状咬合或下超咬合。身体较短，颈部长度与身体达到平衡；肩部略微向后倾斜；背部短而宽；胸部深且宽度适中，肋骨支撑良好。前肢位置适度，且两肢之间距离较远；大腿强壮，肌肉发达。前足小而圆，结构紧凑，不向外翻；后足小、圆且紧凑，同样既不向内翻也不向外翻；脚趾略微呈拱形。尾巴位置较低，短、细尖。

我聪明、活泼、勇敢，肌肉坚实发达，喜爱嬉戏与玩耍
没有皱纹是波士顿梗区别于法国斗牛犬的特征之一
眼神机警而聪明
步伐自信，前腿和后腿移动完美，表现出风度和力量

原产国：美国 | **血统：**英国斗牛犬×英国白梗 | **起源时间：**1870年

习性 波士顿梗性情温和，善与其他宠物、犬类相处，喜欢小孩子，有很好的孩子缘。它聪明伶俐，学习能力强，能快速掌握主人教的本领，有责任感，忠诚地保卫家人和财产，是值得信赖的警卫犬。它对主人的声音非常敏感，喜欢围着主人转，感情丰富，爱玩游戏，也是可爱的家庭宠物犬。它需要适度的锻炼，但过长距离的步行或过量运动对身体有害。祖先的善攻击性已不复存在，可以活到12~13岁。

狗狗档案

别名：波士顿斗牛犬

黏人程度	★★☆☆☆
生人友善	★★★☆☆
小孩友善	★★★★☆
动物友善	★★★☆☆
喜叫程度	★★☆☆☆
运动量	★★☆☆☆
可训练性	★★☆☆☆
御寒能力	★★★½☆
耐热能力	½☆☆☆☆
掉毛情况	½☆☆☆☆
城市适应性	★★★★☆

养护要点 ❶中、小型波士顿梗每天饲料中需供给200~250克肉食，体型较大的需要300~350克肉食，并加等量干素料或饼干。❷训练它在固定时间进食，定量，在15~25分钟内吃完，时间一到就收走食盆。❸每天用梳子为它梳理被毛，保持清洁与光润。❹定期修剪头部、鼻梁部和腹部等处过长的毛，适时修剪脚趾甲。❺定期为它洗澡，天凉时20~30天洗一次，热天每3~5天洗一次。❻早晨或傍晚带它出去散步，它不适合剧烈运动，否则会气喘吁吁。

品种标准

FCI AKC ANKC

CKC KC(UK) NZKC UKC

我聪明，有时不免聪明过头，有点小个性，喜欢与主人玩一些自作聪明的小把戏，饲主要当心

体型：中等 | 体重：5~11千克 | 毛色：黑色、黑色斑纹、黑色和白色混合

法国斗牛犬 French bulldog

性情： *温和、机警、活泼、顽皮、安静、情感丰富*
养护： *中等难度*

脸颊肌肉发达但不突出
唇黑色，很厚且有点松弛

法国斗牛犬的祖先是英国斗牛犬。1860年英国斗牛犬数量极多，但并未受到重视，不久后流入法国并与当地犬种杂交，最终形成了法国斗牛犬，非常受妇女们喜爱。法国斗牛犬的明显特征是它蝙蝠形的耳朵，这要归功于美国人。最初，法国人将法国斗牛犬的耳朵照玫瑰形培育，遭到美国人的反对，他们认为蝙蝠耳是独属于法国斗牛犬的特征，培育成玫瑰耳后它将会变成小型英国斗牛犬。

形态 法国斗牛犬头部强健、宽而方；头骨宽而扁平，耳朵根部宽，上部圆，为中等尺寸；前额突起；鼻子宽、短、上卷，鼻孔开阔而对称；口吻短而宽，牙齿宽大、方形，发达 。颈部短，无垂皮；背线逐渐上升至腰部，然后迅速滑向尾部；背部宽阔；腰部短而阔；胸部呈圆柱形，自然放松，前胸宽阔；腹部自然拉伸。前腿垂直，由侧面、前面观察呈平行状，能很好地站立；后躯肌肉强健；大腿肌肉发达，坚实而不过于浑圆。前足尺寸小，呈圆形，脚趾紧密。尾巴短，靠近臀，根部厚，自然打结或扭曲，尾尖细。步态自如。

头部皮肤有几乎对称的褶和斑点
肩部短而厚，具有坚实可见的肌肉，上臂也短， 肘部靠近身体，前臂亦短，肌肉强健
肋骨呈现桶状，很圆

原产国： 法国 | **血统：** 祖先为英国斗牛犬 | **起源时间：** 19世纪

习性 法国斗牛犬敦厚、忠诚、亲切，好奇心强，对于新鲜事物充满探索欲，对小孩子非常友善；同时也执着、威风、勇敢顽强、作风彪悍，能与敌手正面决斗而不畏缩，是优秀的警卫犬。它生性安静，极少吠叫，很守规矩，适应城市生活与公寓环境。容易与别的犬类相处，还具有非凡的智力，能很好地胜任看护工作，是优秀的守门犬。平均寿命为12～16岁。

养护要点 ❶法国斗牛犬容易打理，不需要经常梳理被毛，保持身体光滑干净即可。❷不可给它喂食过多，以避免过度肥胖。❸从2个月大要开始训练，主人要有耐心，保障一个好的开端，训练指令要坚决、果断，帮助它养成良好习惯。❹喜欢躺在外面晒太阳，散热方式一是通过脚上的肉垫排汗，二是通过呼吸降温，但天热时容易中暑，应加以预防。❺遗传病有唇腭裂。❻常见疾病有打鼾、甲状腺机能减退、吸入性肺炎、青光眼、白内障、视网膜发育不良、角膜溃疡、角膜炎、过敏性皮炎等。

狗狗档案

别名：法国斗牛

黏人程度	★★★☆☆
生人友善	★★★☆☆
小孩友善	★★★★☆
动物友善	★★★★☆
喜叫程度	★☆☆☆☆
运动量	★★☆☆☆
可训练性	★★★☆☆
御寒能力	★★★☆☆
耐热能力	★★☆☆☆
掉毛情况	★☆☆☆☆
城市适应性	★★★★☆

品种标准

FCI AKC ANKC

CKC KC(UK) NZKC UKC

我活泼聪明，身体结构紧凑且肌肉发达，面部表情警惕且充满好奇感

我有独特的品位，有时傲视一切，似乎有不可一世的高贵心态，这通常在表情和动作中形象地表露出来，正因如此，得到了自信心十足的女士们的喜爱

体型：中等 | **体重**：10~13千克 | **毛色**：虎纹色、淡黄褐色、白色、白色带斑纹

芬兰狐狸犬 Finnish spitz

性情： *活泼、友善、热情、忠诚、勇敢*
养护： *中等难度*

芬兰狐狸犬最早叫作芬兰捕鸟犬，是芬兰国犬。几千年前，芬兰乌戈尔族人移居到俄罗斯，因最终目的地不同，需要不同类型的犬，因此发展出多品种的犬。在一个迁移到北部地区的部落中，族人带去的芬兰狐狸犬被作为宝贵的猎犬。几个世纪后，部族逐渐有外来犬种涌入，它们先后与芬兰狐狸犬杂交，以至纯种的芬兰狐狸犬几乎灭绝。1880年，两个猎人在山中发现了纯种芬兰狐狸犬并将其保护起来，试图挽救这一犬种，后来该犬种果然延续下来。

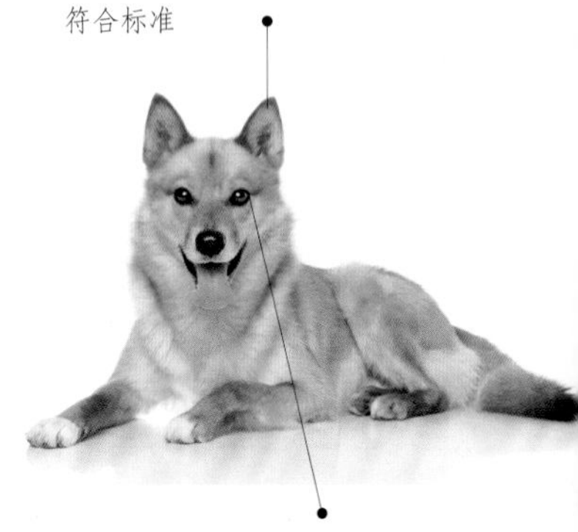

耳朵着位点太高或太低或两耳聚拢在一起、太长或耳内毛发太多都不符合标准
外眼角向上翘，热切而警觉，警觉时，两耳平行，耳尖张开

形态 芬兰狐狸犬公犬肩高44.5 ~ 50.8厘米，母犬肩高39.4 ~ 45.7厘米。头长而窄；耳朵小、直立、位置高；眼睛杏仁状，边缘黑色，间距适中；鼻黑色；唇瘦而紧，牙齿剪状咬合。身体方形，颈部肌肉发达而匀称；肩部松弛；背线从肩部到臀部水平、强壮；胸深；肋部弯曲良好；后躯呈一定角度以与前躯平衡；大腿肌肉发达；两腿间距中等宽度；尾巴形成单一卷曲，向上超过腰部，尾尖指向大腿。脚趾圆而紧密，似猫爪。被毛为双层，下层绒毛短、软而密，外层被毛硬而直、长。

原产国：芬兰 | 血统：芬兰国犬 | 起源时间：几千年以前

习性 芬兰狐狸犬是芬兰和瑞典最普遍的工作犬，夏天随主人打猎，敏捷地追踪野兔、獾和狐狸，体格健壮，精力充沛，不达目标不罢休，即使捕猎情况再艰难，它依然锲而不舍，不肯轻易放弃。它还有多才多艺的特点，是优秀的家族守卫犬，孩子们喜欢它、乐于接纳它。它适应公寓与城市生活，忠于职守，但不信任陌生人。它喜欢吠叫，甚至可以变换着真假嗓音吠叫，吵闹得不得安宁。平均寿命为11～12岁。

养护要点 ❶芬兰狐狸犬是理想的宠物，但需经严格训练，它有时对主人的命令执行不到位或执行迟缓，此时饲养者要有耐心并坚持原则。❷爱洁净，需要每日刷洗，但基本不需要专业梳理。❸它耐力强，速度快，有猎捕天性，有时表现出较强烈的追逐欲望，但不可过度纵容它的追捕本性。❹它吵闹时主人要严加管教。❺有客人来访，主人要做好引导与管教工作，防止它朝客人吠叫。❻它非常敏感，训练时不能一味严格，要用温和方法和态度进行调节。❼它需要充足的户外运动。

狗狗档案

别名：芬兰狐犬

黏人程度	★★☆☆☆
生人友善	★★★★☆
小孩友善	★★★★☆
动物友善	★★★★☆
喜叫程度	★★★★★
运动量	★★★☆☆
可训练性	★★★★☆
御寒能力	★★★★☆
耐热能力	★★☆☆☆
掉毛情况	★★★☆☆
城市适应性	★★★☆☆

品种标准

FCI AKC ANKC

CKC KC(UK) NZKC UKC

长而窄的头和吻尖，呈现出狐狸模样，活泼可爱，有猎取小动物和鸟类的灵活与机警

步态轻便

体型：中等 | 体重：14~16千克 | 毛色：金红色、蜂蜜色、深赤褐色

芬兰狐狸犬是指示犬，会引导猎人确定猎物的位置，用不同吠叫声告诉猎人捕到了什么样的猎物。它发现猎物时，有本领引导猎人接近猎物，以吠叫声分散猎物的注意力，从而使猎人轻松地将猎物捕获。它因猎取能力强备受人们的认可和赞扬，也因独特的吠叫本领而获得“吠叫之王”的称号。

银狐犬 Japanese spitz

性情： *开朗、兴奋、敏锐、忠诚、精力充沛*
养护： *中等难度*

银狐犬也称作日本狐狸犬，与北欧狐狸犬有着共同祖先，于日本大正十三年（1924年）被繁育而成，有着白色德国狐狸犬和日本犬的血统。早期它曾被作为猎犬和斗犬，第二次世界大战后才被作为伴侣犬。它从1913年便广为人知且极受欢迎，但直到1952年才被确定为一个独立犬种。在日本，它被作为护卫犬和警犬，性格活泼、忠诚、勇敢，极为流行，是日本人最喜爱的家庭犬之一，在欧美国家也极受欢迎，数量日增。

形态 银狐犬体格强壮，身高30~38厘米，前额发育适度，头骨后部最宽；耳朵小且位置较高，呈三角形竖起；眼睛黑色，呈杏仁形；黑色鼻子小而圆；口吻尖部略圆，牙齿呈剪状咬合。颈部发育良好；肩部位置高；背部直且短。胸部宽深适度；腰宽。前肢直；后躯宽而肌肉丰满；脚圆而紧凑，状如猫脚；脚垫厚，趾间毛发丰富。尾巴位置高，长度适当。毛色为纯白色，有双层被毛。

双耳间距不是很远，被短毛覆盖
眼睛又大又圆，位置略斜
颈部周围、胸部和尾巴有丰富的丛毛，感觉蓬松柔软，再加上趾间、尾巴丰厚的饰毛，造就了我华丽优美的外表
我是尖嘴犬的典型，也被称为“自然纪念物”，外貌因像白色狐狸而得名
肋骨自然扩张，弯曲度好，肩自然倾斜

原产国：日本 | 血统：白色德国狐狸犬×日本犬 | 起源时间：日本大正十三年（1924年）

习性 银狐犬性格开朗，容易兴奋，有点神经质，喜欢吠叫，警戒心强，反应机敏。对主人极为忠诚，对陌生人充满猜忌和警惕，养护中途不宜换主人，否则它会很长时间不适应。它好动，喜欢玩耍，爱玩捕捉类游戏，乐此不疲，对小孩和其他宠物很友善，容易相处。它有很好的城市适应力，可以养在室内和室外，但一定要有充足的活动空间和自由，有足够的运动量。养护得当，平均寿命为12~13年。

养护要点 ❶银狐犬喜爱清洁，饲料和水必须干净，食盘、食盆等器具要及时清洗并定期消毒。❷每天的饲料中必须有250~300克肉类和等量的干素料或饼干，先煮熟、切碎，喂食时用少量水拌匀，可加少量盐以增加口味。❸每天喂水2~3次，水温与银狐犬体温相当，不可过烫。❹毛发丰富蓬松却容易打理，一周梳理2~3次即可，一般不需要拔毛或推毛。❺没有体味，不需要经常洗澡。❻需要足够量的运动，每天定时带它出去散步和奔跑，以保持强健体魄。

狗狗档案

别名：日本尖嘴犬

黏人程度	★★★☆☆
生人友善	★☆☆☆☆
小孩友善	★★★★☆
动物友善	★★★★☆
喜叫程度	★★★★☆
运动量	★★★☆☆
可训练性	★★★☆☆
御寒能力	★★★★☆
耐热能力	★★★☆☆
掉毛情况	★☆☆☆☆
城市适应性	★★★★☆

品种标准

FCI ANKC CKC
KC(UK) NZKC UKC

我外貌优美，性情也偏向于高傲自大，不受任何诱惑，在这方面时常表现出倔强的小个性

尾巴覆盖长长的毛发，始终卷曲于背上

体型：小型 | 体重：5~10千克 | 毛色：纯白色

梗犬

PART 7

252~283页

牛头梗 Bull terrier

性情： *聪明、温顺听话、忠诚*
养护： *中等难度*

牛头梗起源于1835年，由现今已经绝种的英国白梗繁育而成，数年后人们为了对它的外观加以修饰，使它与西班牙指示犬交配，所以少数牛头梗身上有指示犬的特性。约1860年，人们培育出纯白色的牛头梗。它经过训练后可以作为斗犬，具有争斗性，但本质上却拥有相对温和的性格。当时，英国绅士们喜欢饲养它，它在与其他犬争斗中也非常中规中矩，讲求公平公正，颇具绅士风度。

绅士们的斗犬，“白色骑士”

行走时着地平稳、轻盈，充满自信

形态 牛头梗头部结实，两耳之间的头骨顶部平坦；耳朵尖，竖立；鼻子黑色，鼻孔张开，鼻尖略下弯；唇部整洁紧致，牙齿呈剪状咬合。颈部长且呈拱形，自肩部到头部逐渐变细；胸部较宽；背部短而结实，肋骨拱形明显，腰部略拱而宽。前肢长度适中，非常直；后腿后视时为平行状，大腿肌肉结实。脚圆而紧凑，脚趾为拱形。尾巴短而平举。被毛短而平顺，粗糙，有光泽。

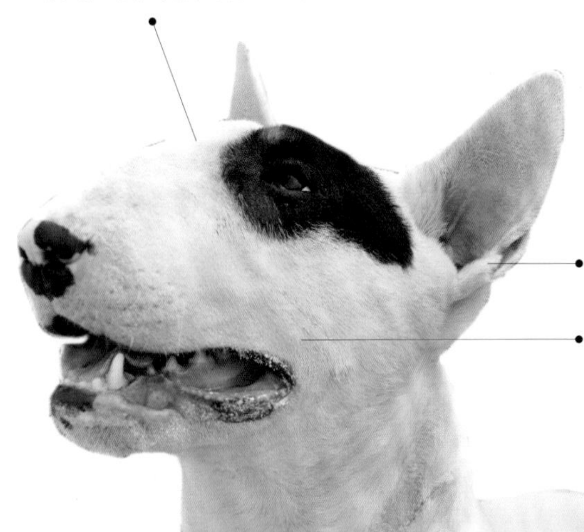

我有一副坚定而有活力的外表，肌肉发达，身体匀称，聪明而温顺

有许多人认为我相貌丑陋，爱我的人却认为我有优雅的面部表情，温顺又易于服从命令

口吻结实，末端长且深，不粗糙

身躯浑圆，肩部结实、肌肉发达，但不显得笨重

原产国：英国 | 血统：由英国白梗繁育而成 | 起源时间：1835年

习性 牛头梗强壮、敏捷、勇敢、训练有素，能够胜任自卫和保护主人的使命，而它性格中温顺与友善的一面也在爱它的主人面前表现得淋漓尽致。优秀的牛头梗有很好的自我克制能力，在没有主人命令的前提下，不会轻易产生攻击性行为。它灵活而机敏，勇敢而优雅，具有几乎完美的斗犬性格组合。它不喜欢阴冷潮湿，喜欢温暖干燥的环境。如果养护得当，寿命通常在10~13年。

养护要点 ❶牛头梗如果在室外饲养，犬舍距地面应有一定距离并经常保持干燥。❷每两周到一个月洗一次澡，洗澡后用清水冲去所有浴液，以免引起它皮肤过敏。❸定期给它修剪或锉磨指甲，使用圆口专用剪子，注意不要剪到血线后面。❹经常戴上橡胶手套或用刷子整理皮毛，帮它脱去死毛，让毛发更显光泽。❺它所需运动量大于一般宠物狗，每天外出散步和做游戏两次，每次30分钟。❻注意避免在烈日下曝晒而灼伤皮肤。常见疾病为关节脱位、犬猫代谢性疾病、先天性失聪等，养护时多加留意。

狗狗档案

别名：牛头犬

黏人程度	★★★★★
生人友善	★★★★☆
小孩友善	★★★★☆
动物友善	★★★★★
喜叫程度	☆☆☆☆☆
运动量	★☆☆☆☆
可训练性	★★★☆☆
御寒能力	★★★★☆
耐热能力	★☆☆☆☆
掉毛情况	★★★☆☆
城市适应性	★★★★★

品种标准

FCI AKC ANKC

CKC KC(UK) NZKC UKC

对于生性害羞、只愿待在家里的迷你牛头梗，主人应该多花些时间陪伴

被毛颜色有纯白色、白色带其他斑纹或其他任何颜色

体型：中等 | 体重：23~32千克 | 毛色：纯白色、白色带其他斑纹或其他任何颜色

迷你牛头梗 Miniature bull terrier

性情： *活泼、勇敢、温顺、忠诚*

养护： *中等难度*

迷你牛头梗起源于19世纪，由牛头犬和英国白梗杂交形成，其中英国白梗已经绝种。在此基础上，人们再为它加入西班牙指示犬的血统。基于以上遗传基因，迷你牛头梗有了现在的体型，是以斗牛梗为祖先的犬中体型最小的一个犬种，最小的体重仅2~3千克。1865年，一只牛头梗曾用时36分钟26秒驱除了500只老鼠。1991年，它被认定为一个独立品种。

形态 迷你牛头梗体高26~36厘米，身体匀称，行动敏捷；头长而结实；两耳直立靠近，耳朵小而薄；前额扁平；眼睛呈三角形，小而偏斜，两眼靠上且间距小；鼻黑色，鼻孔稍朝下生长；吻部狭长，下颌宽而有力；嘴唇紧闭，牙齿呈剪状咬合。颈部拱形；背短而结实，至腰部微拱；躯干较圆；胸廓较宽，胸后部看起来比腹部靠下；尾巴短而平举，尾根部较粗，至尾尖逐渐变细。腿部肌肉发达。脚掌粗壮而直，脚部圆而紧凑，很像猫的足部。皮肤紧绷，毛发短而平滑，粗糙却富有光泽。

我以执着勇敢著称，外表简洁朴实，体格健壮、肌肉发达，性格活泼讨喜
椭圆形面部轮廓，如鸭蛋一般没有瑕疵
颈部较长且肌肉强健，皮肤松弛，从肩部到头部逐渐变细
我虽然体型小，但外表强壮，肌肉发达，给人精力旺盛的感觉
前腿长度适中且骨骼粗大，直而牢固地支撑着身体
行走时，前后肢动作协调，前肢伸出，后肢关节弯曲，步伐平稳流畅，灵活轻盈，有优雅之感

原产国：英国 | 血统：牛头犬×英国白梗 | 起源时间：19世纪

习性 迷你牛头梗活泼又温顺，充满勇气与激情，待人亲切，很贴心，对其他犬类偶有攻击性行为，训练得法、看管得当又有充足的运动量时攻击行为可控。它有迷人的眼神和面部表情，却又貌似凶猛，好争斗又温情脉脉，遇事果断聪明，让懂它的人萌生爱怜。它喜欢和小孩子交朋友，对他们友爱、护卫心十足。它平时不会乱叫，叫声较低沉。平均寿命为10~13岁。

养护要点 ❶迷你牛头梗生性容易兴奋，外出时与其他犬冲突或散步时横冲直撞，会给人造成困扰，主人要耐心调教，让它遵守纪律。❷它的短毛紧贴皮肤，易过敏，洗澡后要及时冲净泡沫，并经常保持皮毛洁净。❸在固定场所训练和饲养它，让它养成定时定量用餐的习惯。❹让它养成定时上厕所的习惯，可免去许多麻烦。❺要及时关注它与主人分离时的焦虑情绪，及时疏导。❻它生性好动，不能长时间闷在家里，否则精力无处发泄，会出现破坏性行为，宜带它外出适度运动。

狗狗档案

别名：迷你牛头犬

黏人程度	★★★★★
生人友善	★★★★☆
小孩友善	★★★★☆
动物友善	★★★★★
喜叫程度	☆☆☆☆☆
运动量	★☆☆☆☆
可训练性	★★★☆☆
御寒能力	★★★★☆
耐热能力	★☆☆☆☆
掉毛情况	★★★☆☆
城市适应性	★★★★★

品种标准

FCI AKC ANKC

CKC KC(UK) NZKC UKC

头顶至鼻尖有一条柔和的曲线，从鼻尖到眼睛的距离较大，眼睛漆黑下陷却闪闪发光，有敏锐、勇敢而聪慧的表情

有训练经验的主人会明显感受到我的服从性——我可是遵守纪律的小楷模，有时不免有洋洋自得之感

喜爱迷你牛头梗的人，会用甜蜜如火焰一样的热情形容他精力充沛的爱犬

体型：小型 | **体重**：2~7千克 | **毛色**：白色、白色带斑纹

迷你史柔查 Miniature schnauzer

性情： *警惕、勇敢、友好、聪明、忠诚*
养护： *容易养*

迷你史柔查起源于德国，一说它是猴面梗和小型狮子犬的后代，一说它是刚毛梗的后代。在15世纪的绘画作品中曾出现过它的身影。早期的迷你史柔查与大部分梗犬一样，被饲养在英国和爱尔兰，用于捕捉会钻入地洞中的小型猎物和趁人不备偷食家禽的山地狐狸等。1925年，它被带入美国，优雅的外表很快吸引了许多人的注意。现今，它主要被作为伴侣犬。

形态 迷你史柔查身体结实，身高30~35厘米，体长与体高基本相同。头部强壮，呈四方形；双耳匀称，耳尖明显；眼睛小而深陷，富于表情；吻部发育强健，牙齿闭合时上颌前齿盖在下颌齿上。身体短而深，颈部强壮，与肩相连；肩部是躯干的最高点，肌肉丰满，表面平整而利索；背线直，从肩部至尾根稍下降；肋骨适当弯曲，胸部向背向延伸形成短腰；后躯肌肉发达而不肥胖；臀部短，倾斜有坡度；尾根高而直立。脚部短而圆，脚垫厚而黑。被毛双层，外层毛硬、直，底毛柔软。

双耳沿着头骨的外缘呈小漏斗状分布

眼睛小而深陷，富于表情

犬不可貌相——我的样子和全身的被毛让许多人觉得怪怪的，事实上，我可是警惕又活泼、忠诚又勇敢、能够舍生救主的义犬

原产国： 德国 | **血统：** 祖先为刚毛梗或猴面梗×小型狮子犬 | **起源时间：** 15世纪前

习性 迷你史柔查在长期与人为伴中建立了深厚的感情，对人有天然依赖感和亲和力，对主人有强烈的保卫心理：有的能从水中救出落水的孩子，能冲进失火的屋子救出主人，或在疾驰的车下救出即将受难的人。它认为自己身体的右侧更脆弱，走投无路时会本能地让右侧靠墙，用身体左侧面对敌人和危险。它领地意识强，会防范其他动物的侵入。养护得当，寿命可达14~15年。

养护要点 ❶迷你史柔查喜欢运动和玩耍，应定时进行户外运动。❷为它准备干净又干燥的犬舍，睡前放一点美食，发出“进窝”指令，耐心训练，帮它养成良好的睡眠习惯。❸训练它在固定场所大小便，主人要把幼犬抱到固定的便箱或厕所中，它按指令做好后要及时鼓励，并提供一点美食作奖品。❹它妒忌心强烈，当主人照料新成员而忽略它时，它会非常气愤，打乱自己的生活习惯，情绪变得急躁和不稳定，并出现破坏性行为，主人要适时采取措施。

狗狗档案

别名：小史柔查

黏人程度	★★★★★
生人友善	★★★★☆
小孩友善	★★★★☆
动物友善	★★★★★
喜叫程度	☆☆☆☆☆
运动量	★☆☆☆☆
可训练性	★★★☆☆
御寒能力	★★★★☆
耐热能力	★☆☆☆☆
掉毛情况	★★★☆☆
城市适应性	★★★★★

品种标准

FCI AKC ANKC
CKC KC(UK) NZKC UKC

有黑白相间色、黑色和银色以及白色非条纹状被毛，以条纹状被毛为主；头部、颈部、耳部、胸部和尾部有长毛，修剪时要留有稍厚的被毛覆盖

体型：小型 | 体重：6~7千克 | 毛色：黑白相间、黑色、银色、白色

在迷你史柔查的世界中有一条法则：决不攻击倒下并露出肚子的对手。如果它在面对人类时，肚子朝天躺着睡觉，就表示对人已经极为信任了。

边境梗 Border terrier

性情： *性情温和、情感丰富、容易训练、忠诚、贪玩*
养护： *中等难度*

边境梗是英国最古老的梗犬，起源时间不明，祖先是生活在英国切维厄特丘陵边境地区的犬种。边境梗生活区附近几英里都被划为它们的领地，在领地的丘陵中有许多会偷袭家禽的山地狐狸。最初，它被作为工作犬培育的目的就是狩猎狐狸。为了钻进地洞中追捕狐狸，它身形小巧灵活，体格强健，四肢修长，可以跟上马匹的速度。

形态 边境梗体型小巧，头颅平坦，宽度中等；耳朵位于头顶，位置不高，贴近面颊下垂；深褐色的眼睛大小适中；牙齿结实。颈部肌肉发达，干净整洁，长度适中。肩部长度恰当，与背部结合良好；后背与腰部结实而柔韧；前肢笔直；后躯肌肉发达，大腿长。爪小而紧凑，脚垫厚实，脚趾略呈拱形。双层被毛紧密地覆盖全身，里层为短而密的底毛，外层为金属丝状的被毛。

我身高仅有25厘米左右，算得上体型最小的梗犬之一，有像水獭一样的头和热情洋溢的表情
我体型虽小，但结实、敏捷、活跃且耐力持久，狩猎时能跟上与马匹等速奔跑的动物，狭窄的身形能穿越地洞，猎取洞穴中的狐狸和兔子等，甚至能应付很难对付的獾——人们常称我是不知疲倦的工作犬
耳朵中等厚度，呈小巧的V字形
被毛不平整也不卷曲，有时呈波浪状
面颊有丰满之感，眼睛和耳朵间距宽，深色口吻短而充实，大生长有连鬓胡子

原产国：英国 | 血统：大不列颠最古老的梗犬之一 | 起源时间：不详

习性 边境梗努力工作，充满勇气。它身上不平整的毛发厚实贴身，可以抵御严寒气候。在恶劣条件下，它依然能勇敢努力地工作。它虽然性情温和，对主人忠诚且富有感情，但有一定攻击性，平时训练服从命令时，指令要清晰、准确，尤其在它出现攻击性行为时，要严格管控。训练得法，它是很容易训练好的。它喜好玩耍，是儿童和主人的好伙伴。平均寿命为12~15岁。

养护要点 ❶边境梗不挑剔食物，但营养要全面，尤其是蛋白质、钙粉和维生素不能缺乏；喂食要定时、定量、定质、定温，不宜喂得过饱，七八成饱较适宜；幼犬一日喂三次，成犬一日喂两次。❷幼犬或生活环境发生变化时，它精神上容易不安，没有安全感，行动上会反常，可能食欲不振，遇到这些情况主人要精心护理。❸每天进行室外运动，在大的场地活动2～3次，每次约30分钟，足够适量的紫外线照射有利于钙质吸收和骨骼生长发育。

拥有厚实保暖的被毛

狗狗档案

别名：伯德梗

黏人程度	★★★★★
生人友善	★★★★☆
小孩友善	★★★★☆
动物友善	★★★★★
喜叫程度	☆☆☆☆☆
运动量	★☆☆☆☆
可训练性	★★★☆☆
御寒能力	★★★★☆
耐热能力	★☆☆☆☆
掉毛情况	★★★☆☆
城市适应性	★★★★★

品种标准

FCI AKC ANKC

CKC KC(UK) NZKC UKC

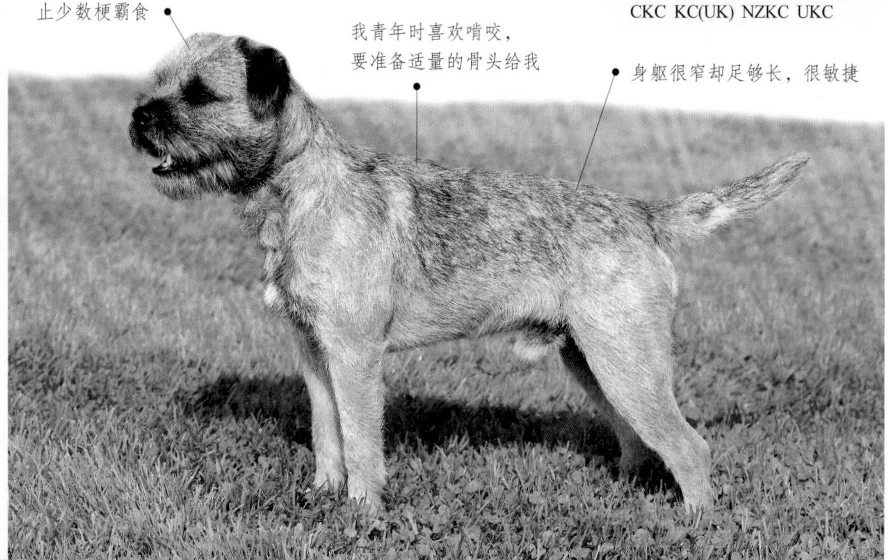

如果家里不止一只边境梗，要注意防止少数梗霸食

我青年时喜欢啃咬，要准备适量的骨头给我

身躯很窄却足够长，很敏捷

体型：小型 | **体重**：5~7千克 | **毛色**：红色、灰色和褐色、蓝色和褐色、灰黄色

万能梗 Airedale terrier

性情： *忠诚、友善、兴奋、快乐、机警、自信*
养护： *中等难度*

万能梗也叫艾尔代尔梗，起源于英国，研究者究其起源过程发现：它与爱尔兰梗、威尔士梗、猎狐梗有着共同的祖先。早期，万能梗并不会游泳，主要工作是负责狩猎狐狸、獾、黄鼠狼、鸡貂等，具备出色的听力和视力。由于人们对它抱有更高期待，便将它与其他犬种杂交，到了1864年，它已经可以在水中狩猎了。第一次世界大战时，它曾被英国陆军当作军犬，一只名叫杰克的万能梗还曾因勇敢表现获得维多利亚十字勋章。

我是小型猎犬中体型最大的，站立时高达56厘米以上

形态 万能梗强壮而有活力，肩高 56~61厘米。头部均匀，颅骨宽度和前脸长度相当；耳朵呈小巧V形；眼睛小而暗；鼻子黑，但不太小；嘴唇紧收，牙齿坚硬洁白，咬合较好。颈部长度适中，厚度朝向肩部逐渐加大；肩部扁平，和谐地向背部倾斜；胸部的深度接近于肘部水平处；背部短而强壮；肋骨外展良好；腰部宽度适当呈现着有力量的感觉。前腿笔直，骨骼结实；后躯强壮，大腿长而有力，小腿肌肉丰满；脚垫小而圆。尾巴匀称而有力，长度适中，通常上翘，但不卷曲于背部。被毛密实坚硬，直立而紧凑地覆盖着全身及腿部。

骨骼强壮，关节屈曲良好，既不外展也不内收

眼睛不凸出，体现着梗的机警与敏锐表情

在灵活自如的运动过程中，一些卷曲或有轻度波纹的毛发呈现美观而快乐的特点

原产国： 英国 | **血统：** 与爱尔兰梗、威尔士梗、猎狐梗有共同的祖先 | **起源时间：** 1864年之前

习性 万能梗幼年性格良好，成年后对陌生人冷漠，对主人忠诚友善。它聪明机敏，接受能力强，即使受伤也坚持完成任务，是理想的牧羊犬、放哨犬和家庭守卫犬。它是天生的游泳健将，能在大型游戏节目中进行精彩表演。它外表成熟，内心顽皮，喜欢与儿童在一起，能够时刻陪伴着他们，是理想的儿童玩伴。它的嗅觉举世无双，并有不脱毛的优点。平均寿命为12~18岁。

养护要点 ❶万能梗个性很强，较顽固，不宜和其他犬饲养在一起。❷它活力旺盛，每日必须坚持长距离散步；外出活动回家后，要为它刷去粘在毛上的尘埃和污物。❸定期给它洗澡和修剪被毛，春、秋季每10～15天洗一次，夏天1～2天洗一次。❹训练它要有耐心，不可打骂，坚持反复训练多次，直到它能很好地完成命令。❺每隔5～7天帮它清除一次耳垢、齿垢。❻用温凉开水帮它清洗眼睛。❼定期修剪趾甲。

狗狗档案

别名：河畔犬	
黏人程度	★★★★★
生人友善	★★★★☆
小孩友善	★★★★☆
动物友善	★★★★★
喜叫程度	☆☆☆☆☆
运动量	★☆☆☆☆
可训练性	★★★☆☆
御寒能力	★★★★☆
耐热能力	★☆☆☆☆
掉毛情况	★★★☆☆
城市适应性	★★★★★

品种标准

FCI AKC ANKC

CKC KC(UK) NZKC UKC

我忍耐力强，钟爱游泳，喜欢在水中游戏，如果从小到大很少有机会接触到水，会对水产生畏惧心理
外形体现处处紧致的特点
我高贵又顽固，家庭养护和训练时要注意训练技巧

体型：中等 | **体重**：18~29千克 | **毛色**：棕褐色、灰色、黑色和深褐色、白色和棕褐色

凯利蓝梗 Kerry blue terrier

性情： *温和、忠诚、聪明、充满活力、顽固*
养护： *中等难度*

凯利蓝梗是爱尔兰国犬，又称爱尔兰梗。它起源于爱尔兰，在克里图的山区中被人发现。它忠于职守、精于工作，早先在爱尔兰和苏格兰地区用于狩猎，是水陆两用猎犬，猎得猎物后会主动拖回猎人身边；有时它也被用于放牧，还在英国担任过警犬。当时人们将它归为工作犬和运动犬。在一次柏林犬展上，它的用途发生了极大转变，与会许多人看好它方凳形的外表，赛后对它的外貌稍加修饰，一时间备受大众的推崇。

形态 凯利蓝梗理想身高雄性为46~48厘米，雌性稍小，体重15~18千克；头骨强壮；耳朵薄且小，起于颅骨后折叠而下，垂于脸颊；眼睛中等大小，位置适中；鼻子黑色，鼻孔宽大；口吻中等长度；牙齿较大，白色，剪状咬合。颈部匀称且长度适中；背部平坦，中等长度；腰部亦为中等长度；胸部深，宽度适中，肋骨支撑良好。前腿笔直，后腿短小，亦笔直。后躯强壮，后膝关节弯度恰好。脚部相当圆，带有厚的肉垫，走动时不会发出声音。尾巴高翘，长度适中，垂直地面竖起。

身体平衡能力强，从后面观察时，两后腿直立而平行，易于稳定身体
步态行动自如，步履矫捷，行走时前后腿直线向前运动

原产国：爱尔兰 | 血统：威尔士梗×贝德灵顿梗×软毛麦色梗 | 起源时间：19世纪

习性 凯利蓝梗高贵、活泼、机智，忠实温和，充满活力，却有顽固个性。它警惕性高，防范意识强，会袭击侵入领地的陌生人和动物，是有脾气的优秀守护犬。它十分喜爱挖掘，对地下轻微声音很敏感，地下任何奇怪气味都会激起它强烈的好奇心，它会奋力地挖掘、追踪和叼回猎物。它具备多方面才能，适合各种工作，不屈不挠，临近老年依然忠于职守。平均寿命为12~18岁。

养护要点 ❶凯利蓝梗嫉妒心强，像个长不大的孩子，任性地希望独自拥有主人的爱，捍卫领地，排斥其他同伴，适合单独饲养。❷它喜欢清洁、宁静的环境。❸身上卷毛不停生长，不脱毛，也不换毛，主人每6~8周要耐心帮它修剪一次。❹它天生勇敢好斗，不屈不挠到顽固地步，需经过严格训练。❺不可过度娇纵，让它养成挑食的习惯。❻为保证营养充分吸收，可以采取多餐制，一次少量喂食，减轻它的肠胃负担。

狗狗档案

别名：爱尔兰梗

黏人程度	★★★★★
生人友善	★★★★☆
小孩友善	★★★★☆
动物友善	★★★★★
喜叫程度	☆☆☆☆☆
运动量	★☆☆☆☆
可训练性	★★★☆☆
御寒能力	★★★★☆
耐热能力	★☆☆☆☆
掉毛情况	★★★☆☆
城市适应性	★★★★★

品种标准

FCI AKC ANKC

CKC KC(UK) NZKC UKC

我有时顽皮地闹些“小情绪”，一般是觉得主人对我的爱不那么专一了，就想办法引起主人的注意

眼睛黑色或暗褐色，透出敏锐、活泼与机警

肩部纤细，结实，发育良好，有适度倾斜，向后延伸而又恰到好处地收拢

蓝色被毛是我的典型特征

体型：中等 | 体重：15~17千克 | 毛色：蓝色

杰克罗素梗 Jack Russell terrier

性情： *聪明、友好、勇敢、温和、独立、精力充沛*
养护： *中等难度*

杰克罗素梗起源于19世纪的英国南部，由一位名叫约翰•罗素的牧师培育而成，是一种白色的英国梗类犬。19世纪初期，酷爱狩猎的英国人培育出大量可以在陆地和水中狩猎的猎犬，一时的新鲜感淡去后，英国人将狩猎目标锁定为会藏入狭小地洞中的红狐狸，由于地洞狭小，普通猎犬极难施展身手，人们需要一种能够钻入地洞将红狐狸拖出来的犬，便有了体型小巧、聪明敏捷的杰克罗素梗。

形态 杰克罗素梗身手敏捷、自信而警惕。体长和肩高保持平衡，肩高25~26厘米，体重4~7千克。头骨平坦，宽度适中；耳朵纽扣状，间距相当宽；眼睛为杏仁状，中等大小且不突出，颜色较深，眼圈颜色也深；上下颌完美且非常有力，牙齿较大呈完美的剪状咬合。颈部长度适中，肌肉发达，略微拱起，靠近肩部处逐渐变宽；背线笔直、结实；胸部有力且不沉重，柔韧且紧凑；腰部也略拱。尾巴位置高，结实并欢快地举着，不卷在背后。足爪类似猫爪，圆形，紧凑，脚垫硬且厚。后躯结实而肌肉发达，骨量充足，平滑。被毛粗硬，浓密，毛量丰厚，紧密包裹着身躯和腿，能抵御恶劣气候；底毛短而浓密。

我体长和肩高比例恰当，保持平衡，体型中等，骨量充足，胸部小而柔软，是在地下追踪猎物的好手

毛发无论刚毛、碎毛、平毛，皆外形轮廓简洁、结构紧密，保护我在寒冷天气中很好地外出捕猎

体长和肩高比例协调匀称，近似于正方形

原产国：英国 | 血统：白色梗类犬 | 起源时间：19世纪

习性 杰克罗素梗身手敏捷、警惕、自信、聪明、热情且有耐性。它有较好的爆发力和耐久力，适宜长时间追捕猎物，还能抵御恶劣气候。它容易兴奋，喜欢运动，精力旺盛，个性独立，性格开朗活泼，喜欢与人类相处，是忠诚的优秀的家庭守护犬。它不吵闹，顺从主人指令，不会制造混乱，渴望主人的关爱。平均寿命为15岁。

养护要点 ❶定期洗澡，夏天每周一次，冬天两周一次，平时脏的地方用湿毛巾擦一擦，吹干底毛；洗澡过勤或吹干不彻底，皮脂腺易被破坏并患皮肤病。❷春季是它发情、交配、繁殖和换毛季节，母犬会到处乱走，要看管好；公犬常为争夺配偶而争斗，易受伤，要及时处理。❸换毛季节及时给它梳毛，以防皮肤瘙痒和细菌感染。❹它在气温高、湿度大的环境中极易中暑，可适当进行冷水浴；为防潮湿，要勤晒垫褥等铺垫物。❺夏季，喂它经加热处理后放凉的新鲜食物，喂量适当，别剩余。❻秋季注意梳理被毛，以促进冬毛生长。❼为它提供足够运动量，以保持旺盛活力和强健体形。

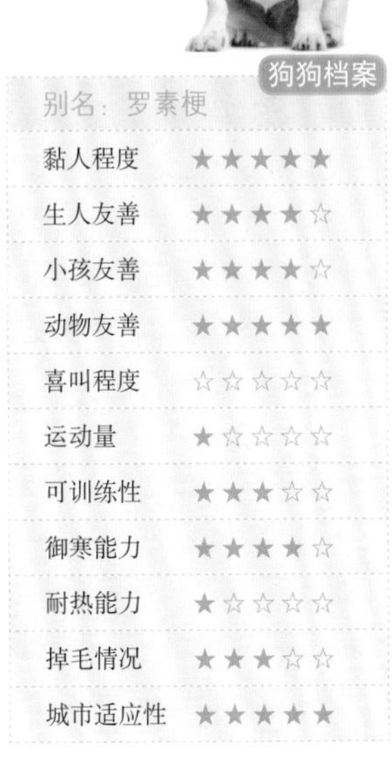

狗狗档案

别名：罗素梗

黏人程度	★★★★★
生人友善	★★★★☆
小孩友善	★★★★☆
动物友善	★★★★★
喜叫程度	☆☆☆☆☆
运动量	★☆☆☆☆
可训练性	★★★☆☆
御寒能力	★★★★☆
耐热能力	★☆☆☆☆
掉毛情况	★★★☆☆
城市适应性	★★★★★

品种标准

FCI ANKC NZKC UKC

除了眉毛和胡子，整个轮廓清晰，毛色为白色，有黑色或棕色斑纹或三种颜色的组合

耳朵向眼睛方向逐渐变窄

体型：小型 | 体重：5~6千克 | 毛色：白色带黑色或棕色斑纹、三色

爱尔兰梗 Irish terrier

***性情：**勇敢、友爱、忠诚、性情优良、情感丰富*
***养护：**中等难度*

爱尔兰梗是梗犬中最古老的犬种，具体起源有争议，在18~19世纪出现犬展之前它便极具盛名。1875年，它在格瓦斯地区的一个犬展上取得血统认可，之后在犬展上屡获冠军。19世纪80年代，它成为英国四大流行犬种之一，并于1881年前后传入美国。在英国，它被作为赛犬饲养，捕捉土拨鼠和追捕兔子。第一次世界大战期间，它充当过军队的信使和哨兵。

颜色有金红色、火红色、麦红色或小麦色，有的胸部有白色斑纹，腿部无饰毛，腿部毛发与身体上的质地相似
颌部结实且肌肉发达，面颊瘦长而不丰满

形态 爱尔兰梗肩高46~48厘米，体重11~12千克。头部较长，头颅平坦；耳朵小且呈V字形，两耳间较窄；眼睛小，不突出；牙齿结实整齐，颜色洁白。身躯长度中等；颈部长而适中，靠近肩部逐渐变宽；胸部肌肉发达，但不宽阔；后背结实而平直；腰部略拱；后躯肌肉发达，大腿有力；尾巴一般为断尾，尾根位置高，不卷曲，被毛粗硬且适中。足爪圆小结实，脚垫结实无龟裂。被毛浓密，刚毛呈金属丝状，毛量丰厚，质地良好，非常紧密地贴在身上；底毛柔软精致，颜色略浅。

脸型精致，上下颌的毛发有足够长度使脸部显得结实、完整
嘴唇黑色，鼻为黑色
眼睛深褐色，充满活力，热情而聪颖
肩部精致，向背部倾斜
腿部相当直，骨量充足、肌肉发达

原产国：爱尔兰 | **血统：**由黑色、棕褐色和小麦色的梗犬交配繁衍形成 | **起源时间：**18世纪前

习性 爱尔兰梗综合了粗犷、勇敢与忠诚的性情，富有生气，对主人非常亲切，是保护家人免遭伤害和危险的保护者，对人友善并宽容，愿为他人尽心尽力。它适合在城市中生活，是家庭和危险之间的一道体态优雅的“防火墙”。它还能适应寒冷气候，陪伴主人从事冬季的户外运动。它拥有运动天赋，善于竞技，在水中也能够很灵活。它的平均寿命为12~15岁。

养护要点 ❶爱尔兰梗需要经常修剪和梳理被毛；口周围、耳后、腋下、股内侧、趾尖等处梳理时动作要轻柔，避免它有疼痛感。❷它活泼好动，需要大量训练以保持健壮体魄。❸喂食必须固定时间和地点，定量配餐，避免吃不够或吃得过饱；注意喂它营养均衡的食物，以干狗粮为佳。❹不要在阴雨天或空气湿度大时给它洗澡，洗澡水36~37℃，洗后吹干或用毛巾擦干。❺夏天不要让它待在强烈太阳下，以免中暑。

狗狗档案

别名：爱尔兰红梗

黏人程度	★★★★★
生人友善	★★★★☆
小孩友善	★★★★☆
动物友善	★★★★★
喜叫程度	☆☆☆☆☆
运动量	★☆☆☆☆
可训练性	★★★☆☆
御寒能力	★★★★☆
耐热能力	★☆☆☆☆
掉毛情况	★★★☆☆
城市适应性	★★★★★

品种标准

FCI AKC ANKC

CKC KC(UK) NZKC UKC

我在家庭中风趣幽默，是孩子们的玩伴和保护者

我富有勇气和胆量，被称为“鲁莽大胆的犬”，勇气大到了不计后果的程度，而且粗心大意，有时做事冲动且迅速，冒失地去袭击对手，不顾一切地向前冲

体型：中等 | 体重：11~12千克 | 毛色：亮红色、黄红色、淡黄红色、淡黄色

猎狐梗 Fox terrier

性情： *聪明、快乐、活泼、精力充沛、好斗*
养护： *饲养难度大*

猎狐梗原产于英国，具体起源时间不详，但可以确定粗毛黑白梗是它的祖先之一。该犬种在到达美国后100年内被分为平毛猎狐梗和刚毛猎狐梗两种。专家认为这两种猎狐犬的起源并不相同，据推测，刚毛猎狐犬的祖先应是居住在威尔士、德比郡和达拉谟地区的某种黑褐色工作梗，平毛猎狐犬的祖先中可以确定的是平毛黑褐色梗。早期培育者曾将这两种猎狐犬杂交培育，但不久计划终止。

额头相当丰满，像经过精雕细琢一般

形态 猎狐梗颅骨扁平，自头顶向双眼逐渐变窄；小耳朵呈V形，中等厚度，竖立，前端下垂贴于两颊；眼睛中等偏小，深陷，眼和眼眶呈黑色，黄眼睛的为次等犬；鼻子黑色；牙齿咬合度大。颈部匀称，长度适中；肩长而倾斜，肩胛部平整；背部短直、强壮，皮肤紧凑；胸深而不平，胸部肌肉发达；前肋骨长度适中，后肋骨长而外展；腰部肌肉发达，强健有力；后躯肌肉发达；尾巴上翘，不贴于背部也不卷曲。脚小而圆，脚垫硬而粗糙。被毛短而硬，光滑、平整、浓密。

我快乐、活泼，骨量规模较小但有力量，在行走过程中前后肢均笔直向前

原产国：英国 | 血统：粗毛黑白梗为其祖先之一 | 起源时间：不详

习性 猎狐梗性格开朗，感情深厚，圆形的眼睛透着热情、机智与活力，有很强的保护能力，时刻准备着守卫家庭，是非常受欢迎的家庭犬。它天性机敏活泼，有敏锐的视力、灵敏的嗅觉、乐观坚定的个性，是儿童的好玩伴。平时，它们的天性有可能释放出来，在主人的院子里或花园中挖洞守候，最好事先为它们准备一个洞口装置，这很有趣。它既耐寒也耐热，平日爱吠叫。平均寿命为13~14岁。

养护要点 ❶除正常营养补给外，不需要给猎狐梗添加特殊营养品。❷为了防止它吃饭时狼吞虎咽，喂食前做些等待训练：先发出“蹲下”指令，在它完成好动作后，再把食盆放在它面前，及时鼓励说“好”。❸毛发修理和美容最好请专业人士进行，按照它的身体各部分的美容要求剪出优美的形象。❹日常梳理要去掉被毛和皮肤上的灰尘、泥土、皮垢等，增加皮毛光泽，预防皮肤病。❺洗澡需用棉花堵住两耳耳道，避免水流入它的耳朵或眼睛，可适量使用有杀菌、除虫作用的药物性洗毛水。

狗狗档案

别名：刚毛猎狐梗

黏人程度	★★★★★
生人友善	★★★★☆
小孩友善	★★★★☆
动物友善	★★★★★
喜叫程度	☆☆☆☆☆
运动量	★☆☆☆☆
可训练性	★★★☆☆
御寒能力	★★★★☆
耐热能力	★☆☆☆☆
掉毛情况	★★★☆☆
城市适应性	★★★★★

品种标准

FCI AKC ANKC

CKC KC(UK) NZKC UKC

体型：小型 | 体重：7~8千克 | 毛色：白色带斑块

猎狐梗又被称为刚毛猎狐梗，具有优良的平衡感和狩猎本能，早期被用来追捕狐狸，常守候在狐狸的洞口，随时准备猎捕猎物。

西部高地白梗 West highland white terrier

性情： *友好、勇敢、自信、机警、活泼*

养护： *容易养*

头部与颈部呈直角，或稍倾斜，‖
的毛发。

西部高地白梗与苏格兰梗、凯安梗、丹迪丁蒙梗有共同的祖先，它起源于苏格兰波塔洛克，最初也被称作波塔洛克犬。1907年，它在伦敦布鲁福兹犬展上第一次被展出，之前已在波塔洛克生活了将近一个世纪。它是一种综合能力很强的犬，兼具猎犬敏捷的身手和宠物犬忠诚活泼的性格。它很有耐性，这是人们喜欢它的主要原因之一。它还非常喜欢在雪中嬉戏，在结冰的河面或港湾上奔跑。

形态 体型小巧玲珑，肩高25~28厘米；头部呈圆形，头盖呈拱形；耳朵位于头顶外缘，小而直立，耳间距宽。眼间距宽，杏仁形，深陷，深褐色，中等大小。吻部钝形；鼻子大多为黑色，鼻孔大；嘴唇有黑色素沉着。颈部肌肉发达，双肩倾斜；胸非常深；腰短宽且强壮。前腿较短，大腿肌肉发达。前脚比后脚大，圆形，肉垫厚。尾巴短而结实，竖直时不超过头顶。双层毛发，外层被毛直而硬，理想状态是白绒毛或软毛层上有麦色毛尖。

吻部强壮有力，比颅部稍短，朝着鼻子逐渐变尖
尾部长有硬毛，活动欢快，不卷曲于背上
步态自由，直线行走，转圈容易
耳端呈尖锐状，有平滑毛覆盖
腿部有密实的短而硬的毛发覆盖

原产国：英国 | 血统：与苏格兰梗、凯安梗、丹迪丁蒙梗有共同祖先 | 起源时间：19世纪

习性 西部高地白梗有“西部宝贝”之昵称，小巧玲珑，性情温和、可爱、机灵、活跃，特别受儿童与女士欢迎。它忠诚、开朗，充满童趣，随时准备与主人一起嬉戏、打闹、奔跑、蹦跳，令人愉悦，是理想的家庭犬。它还具有高超的表演能力，易于梳妆打扮，理解力强，敏捷灵巧，活泼而热心却不自负，很谦虚。它忠于职守，喜爱吠叫，想告诉主人有陌生人靠近。它适应公寓生活，但和其他梗犬一样，喜欢在院子里挖坑。 平均寿命为14岁。

养护要点 ❶西部高地白梗需要适度的活动量和有规律的活动时间，成年犬每天出去散步3～4次。❷外出时主人要牵好它，它动作超快，一眨眼就跑得无影无踪。❸它需要每天梳理毛发，注意胡子的状态和长度，不要变黄、氧化、断裂，也要防止打结。❹用水嘴而非水盆喂它水，狗粮宜喂食干饲料。❺它对猫不友善，如果家里养了猫，要安排好各自的领地，并给它们时间彼此适应。

狗狗档案

别名：西高地白梗

黏人程度	★★★★★
生人友善	★★★★☆
小孩友善	★★★★☆
动物友善	★★★★★
喜叫程度	☆☆☆☆☆
运动量	★☆☆☆☆
可训练性	★★★☆☆
御寒能力	★★★★☆
耐热能力	★☆☆☆☆
掉毛情况	★★★☆☆
城市适应性	★★★★★

品种标准

FCI AKC ANKC

CKC KC(UK) NZKC UKC

有人说我是一种万能的梗，因为具备良好的猎犬本领，喜欢在雪中玩耍，在水里嬉戏，跟随滑雪者滑雪，或跟随主人挑战极限运动——跨越冰河或结冰的港湾等，时刻精力充沛，而且耐心十足

眼神锐利而聪明，从浓厚的眉毛下部看，表情诙谐、敏锐、好奇、活泼

体型：小型 | 体重：7~10千克 | 毛色：白色

美国斯塔福梗 American staffordshire terrier

性情： *聪明、开朗、活泼、坚定、自信*
养护： *中等难度*

美国斯塔福梗最早被称为斗牛梗、牛梗犬或牛梗杂交犬。由英国斗牛犬和梗犬杂交而成，样貌与现在的斗牛犬有很大出入，造成这一点的原因是19世纪早期英国的斗牛犬拥有发达的肌肉，部分甚至有像松鼠一般的尾巴，样貌与现在的斗牛犬谈不上相像，美国斯塔福梗便遗传了这一奇特样貌。据推测，与斗牛犬杂交的梗犬有白色英国梗、黑棕色梗犬和猎狐梗三种，基于美国斯塔福梗活泼的性格，人们认为猎狐梗的可能性更大些。

形态 美国斯塔福梗公犬身高45.7~48.3厘米，母犬43.2~45.7厘米。体形结实匀称，头部中等大小，颅骨宽；耳朵短小，直立或半立；眼睛位置较高，深陷且浑圆，两眼间距较大；吻部中等长度，较圆，在眼下方收缩。嘴唇呈紧闭状，有时甚至有紧绷的感觉。颈部略微呈弓形，粗壮，从肩部到脑后逐渐变细。肩部强壮，扁宽而略有坡度；胸深而宽；背部略短，从肩胛部到臀部略微倾斜；腰部略弓；前腿间距宽，不向前弯曲。尾部短，位置低。脚弓紧凑适宜，大小适中。毛发短而密，坚硬而光滑。

尾巴是强壮有力的剑状尾，尾基到尖部逐渐变细，不卷曲或翘于背上方，不断尾
体毛充满光泽，短而厚实，毛色或黑白相间，或白色与棕红色相搭配
鼻头黑色，颌部分明，咬合有力
颊部肌肉丰满，棱角分明，呈现坚强勇敢的特征

原产国：美国 | 血统：斗牛犬×梗犬 | 起源时间：19世纪

习性 美国斯塔福梗对主人亲切、忠实，有良好的守卫能力，能保护主人的财产免遭侵犯，是著名的护卫犬。它嗅觉惊人，不会太沉闷，活泼机敏，很听话，易于训练，适应能力较强，可在短时间内接受新主人，是著名的伴侣犬。如果能提供充足的活动空间，它也可以在公寓中饲养。它因属于杂交品种，比正常犬类寿命短，一般存活7~8年。

养护要点 ❶美国斯塔福梗强悍好斗，需要足够的运动量，每天需长时间慢跑和长距离散步。❷要想调教好它，主人也需要有强健的体魄，管好不听话的它；它还容易与其他犬发生冲突，主人要及时调解。❸训练它要有耐心，有规律、有原则地训练，持之以恒。❹它掉毛较多，要注意梳理与清洁。❺它容易罹患关节、心脏杂音、甲状腺、髋骨发育不良、白内障等疾病，需要主人耐心照料；皮肤易过敏，平常照料注意清洁与防护。

狗狗档案

别名：斗牛犬

黏人程度	★★★★★
生人友善	★★★★☆
小孩友善	★★★★☆
动物友善	★★★★★
喜叫程度	☆☆☆☆☆
运动量	★☆☆☆☆
可训练性	★★★☆☆
御寒能力	★★★★☆
耐热能力	★☆☆☆☆
掉毛情况	★★★☆☆
城市适应性	★★★★★

品种标准

FCI AKC ANKC

CKC NZKC

体型：中等 | **体重：**26~30千克 | **毛色：**黑白相间、白色与棕红色搭配

苏格兰梗 Scottish terrier

性情： *机警、活泼、沉着、友善、聪明、顽强*

养护： *中等难度*

苏格兰梗原产于英国，是最古老、最原始的纯种高地犬，它与凯安梗是所有高地梗的祖先。经过多年繁育，苏格兰梗至今仍保持纯种。在苏格兰梗的历史中，有许多尚未证实的有趣故事和推论，其中之一便是1603年苏格兰国王詹姆士六世继承了英格兰王位，他命令人们选出6头苏格兰梗赠予法国。此外，它的形象还出现在迪斯尼电影中，是有影响力的电影明星狗之一。

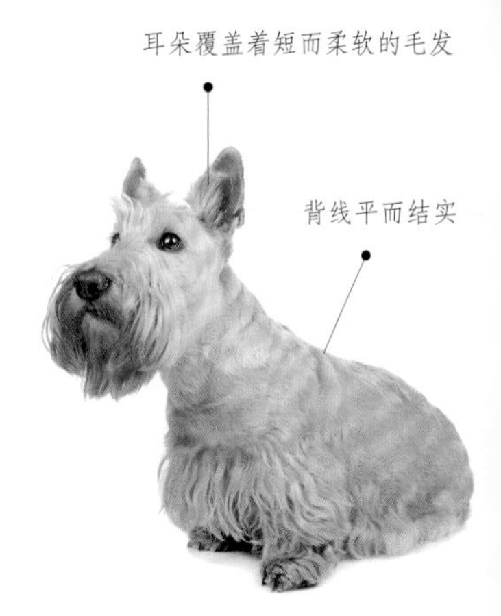
耳朵覆盖着短而柔软的毛发
背线平而结实

形态 苏格兰梗肩高25~28厘米，头与身体相比，显得很长；耳朵小而直立，但不陡峭；颅部长而稍圆，宽度中等；眼睛小而明亮、敏锐，杏仁状，眼距宽，深棕色或近于黑色；吻部到鼻子渐尖，牙齿呈剪式或钳式咬合。颈部强壮、厚实、短而适度，与向后倾斜的肩部自然接合。躯干短，胸部宽阔，肋骨向后延伸；腰短而强壮；后躯肌肉发达。前腿骨骼粗壮，前脚与后脚圆形，厚实而紧凑，足趾强壮。大腿肌肉发达，膝关节弯曲，从跗关节到脚后跟成一直线。尾巴直立向上，或垂直或轻微向前卷曲，但不会伸到背上。

从侧面看，头颅扁平，颅骨和吻之间的鼻梁细长
鼻子颜色为黑色，大小恰当

原产国：英国 | 血统：所有高地梗最古老的祖先 | 起源时间：不详

习性 苏格兰梗热情、动人，身躯娇小，力量却非常大，能抵御恶劣气候，勇敢、自信、威严。它外貌出众，内在刚毅顽强，有“顽固分子”之称，性格谨慎、自信而活跃，有时蛮横不讲理，对其他犬有攻击性行为，很难与同类友好相处，对人却友善、沉着且温和。对待这样有主见的狗，家庭养护要理智与情感并重。它平日比较安静，不会乱吠，适宜看家护院。平均寿命为10～14岁。

养护要点 ❶定期给苏格兰梗清除耳垢、牙垢和眼屎。经常给它梳理毛发，保持洁净。❷定期给它修剪趾爪。❸春、秋季注意剪去过长的毛发，耳部、颊部和头部的毛，包括眉毛也要定期修剪与美化。❹它坚定有主见，热情和理智并重，主人在与它相处和养护过程中，要加倍爱护但不可过度娇纵。❺超量运动有可能使它的腱纤维过度伸张，引起化脓性腱炎，急性发作时会出现不同程度的跛行。❻如果治疗不及时或不当，有可能转为慢性腱炎，严重时可导致腱萎缩，限制关节活动。❼治疗关键在于控制炎性渗出，防止腱萎缩。

狗狗档案

别名：苏格兰小子

黏人程度	★★★★★
生人友善	★★★★☆
小孩友善	★★★★☆
动物友善	★★★★★
喜叫程度	☆☆☆☆☆
运动量	★☆☆☆☆
可训练性	★★★☆☆
御寒能力	★★★★☆
耐热能力	★☆☆☆☆
掉毛情况	★★★☆☆
城市适应性	★★★★★

品种标准

FCI AKC ANKC

CKC KC(UK) NZKC UKC

大大的头，小巧紧凑的身体，骨骼结实、骨量充足，短腿劲健，刚毛坚硬，浓密的毛挂在身体两侧和短腿上，竖立着耳朵和尾巴，十足的“淘气鬼”表情，难怪得了“苏格兰小子”的绰号

我有一双“会说话的耳朵”，它的大小、形状、位置、活动以及直立向上的姿势向主人表现着敏锐、机警、勇敢的特点

体型：小型 | **体重**：9~11千克 | **毛色**：黑色、灰黄色、任何颜色的斑纹

西里汉梗 Sealyham terrier

性情： *友善、开朗、勇敢、活泼、情感丰富、喜欢交际*

养护： *饲养难度大*

西里汉梗起源于1850~1891年，由约翰•爱德华上尉从一种不知名的品系中培育而成，与大部分梗犬一样，主要用于捕捉水獭、狐狸、獾等会藏入地洞中的猎物。西里汉梗这个名字来自西里汉的庄园，位于威尔士西哈弗福镇，是其培育者所在地。西里汉梗因其出色的工作能力，逐渐获得世人的关注，1903年10月首次亮相于威尔士西哈弗福的犬展。现今，它主要被作为伴侣犬。

形态 西里汉梗身体健壮，大小、长度适中。头部长而宽，约是身高的四分之三，头颅稍圆且大小适中；耳朵大小中等，与头顶同一水平；眼睛暗色深凹，形状卵圆，眼距较大；鼻子黑色，鼻孔大，鼻梁适中；颌部强壮有力呈方形，牙齿坚固，水平咬合或剪状咬合。颈部肌肉发达，与肩部结合牢固；背部水平，胸部略宽；肩部向后倾斜。四肢短而有力，前腿结实，后腿比前腿长。足部紧凑，呈圆形，肉垫厚。尾巴直立。毛色为白色或稍显柠檬色或褐色的白色，坚硬的金针状上毛很长，并覆盖着柔软浓密的下毛。

耳朵向前方折下，贴着颊的两旁下垂，尖端圆形，直达眼睛外角，薄却无韧性
眼神发亮，有一种敏锐的表情
颊部不厚实，但光滑而扁平
西里汉梗留有长长的胡须，漂亮而独特，具有很明显的识别度

原产国： 英国 | **血统：** 牛头梗×西部高地白梗×短脚长身梗×柯基犬 | **起源时间：** 1850~1891年

习性 西里汉梗活泼、敏捷、平衡感良好，勇敢却不张狂。它富有感情，友善、开朗、活泼、情感丰富、喜欢交际。它曾和狩猎犬种一起追踪地下隐藏的猎物，是非常优秀的工作梗。它有大型犬的吠叫声，常使入侵者闻声而退。虽然它个性突出，易于训练，却不愿意接受杂耍表演。它的平均寿命较长，能活12～16岁。

养护要点 ❶西里汉梗运动量大，对食物的消耗量也大，平时喜欢啃骨头，主人要随时准备骨头让它啃食，这是它的娱乐和运动方式，对健康有利。❷每天给充足的时间，让它自由奔跑或跳跃。❸每天为它梳理被毛，定期为它洗澡。❹冬天外出运动时，如果突然接触强烈的冷空气，它的气管会受到刺激，导致呼吸困难，所以要先在温度低的地方停留一会儿适应一下再出去。

狗狗档案

别名：锡利哈姆梗

黏人程度	★★★★★
生人友善	★★★★☆
小孩友善	★★★★☆
动物友善	★★★★★
喜叫程度	☆☆☆☆☆
运动量	★☆☆☆☆
可训练性	★★★☆☆
御寒能力	★★★★☆
耐热能力	★☆☆☆☆
掉毛情况	★★★☆☆
城市适应性	★★★★★

品种标准

FCI AKC ANKC

CKC KC(UK) NZKC UKC

我属于短足犬，美容时要突出低矮外表的特点，突出长而自然的美丽毛发，尤其是宽脸和浓密下垂的胡须

我是由追踪水獭、穴熊、狐狸的犬改良出来的犬种，具有很好的体力、决断力及耐性，善于捕猎，活动量大于一般犬种，体型虽小，却有惊人的力量，尤其是强健的后肢，奔跑跳跃时能够充分体现运动的天赋

体型：小型 | 体重：8~9千克 | 毛色：白色、稍显柠檬色或褐色的白色

凯安梗 Cairn terrier

性情：聪明、勇敢、忠诚、活泼、友善

养护：容易养

凯安梗早期被作为纯粹的工作犬培养，主要在海滩边的岩石、暗礁、悬崖附近工作，狩猎水獭和狐狸。1873年，该犬种开始被分为丹迪丁蒙梗和斯凯梗两类，凯安梗属于斯凯梗。1909年，斯凯梗出现了短毛品种，1910年人们建议把这种短毛品种更名为凯安梗。当时它帮助农民从狭小的石洞中拖出猎物，拖出猎物后会将石头堆积起来作为标记。凯安梗的名字意译过来便是“堆积石头用作标记”。

形态 凯安梗肩高25~30厘米，头颅宽阔；耳朵小巧而挺立；眼睛大小中等，分开明显，眼窝下陷；口吻结实，牙齿大，咬合适中。肩部倾斜，背部中等长度，结实、有活力，呈不沉重的水平状态。腿长度中等，腿上毛发粗硬。脚垫厚而结实。尾巴长有大量毛发，常欢快地举着，但不能卷在背上。周身有两层浓密的毛，分别是较长而粗糙的被毛和短小且柔软的底毛，用以抵抗恶劣天气。毛色包括除了白色以外的任何颜色。

头顶毛发多，比体毛要软
耳朵从长长的毛发中露出来，透着聪明与活泼
眼睛浅褐色或深褐色，与身体颜色相匹配，眼神热情
肩高、体长、腿长，比例匀称，虽然肌肉发达，但不太胖也不太瘦
步态轻松，只需要稍稍牵引即可用足尖站立，表情诙谐风趣。
鼻部为黑色

原产国：英国 | 血统：与苏格兰梗、西部高地白梗同属斯凯梗类 | 起源时间：500年以前

习性 凯安梗聪明而虔诚，非常忠心，有时不免生出嫉妒心，喜欢与主人的其他心爱之物争宠，比较适合有较大孩子的家庭养护。它的粗硬浓密被毛能抵抗恶劣天气，耐寒本领强，即使有时吵闹，乱咬东西，也不妨碍它成为优秀的家庭宠物。它步态轻盈、活泼、幽默，喜欢与主人散步。它可以陪伴主人十年之久。

养护要点 ❶凯安梗喜欢吠叫，需要从小严格训练。❷为了塑造它的理想造型，防止脸部轮廓显得小，头顶毛发不可长得太长，要及时修剪。耳朵上毛发不要留太长，为防止皮肤露出，不要一次拔毛太多；脸部装饰的毛发向前梳，拔掉最长的毛。拔掉尾部凌乱的毛发，尾根稍粗而尾尖显细。❸从小训练它在狗屋里睡觉，如果发现它在其他地方睡觉，主人要及时管束，注意保持狗屋的干净与舒适，并定期消毒。❹天气炎热时，早晨或傍晚遛狗，别忘了给它带水，不要喂冰水，以免刺激肠胃。❺夏季高温时，别将它单独关在车内，以防中暑。

狗狗档案

别名：凯恩梗

黏人程度	★★★★☆
生人友善	★★★★☆
小孩友善	★★★★☆
动物友善	★★☆☆☆
喜叫程度	★★★☆☆
运动量	★★★☆☆
可训练性	★★★☆☆
御寒能力	★★★★☆
耐热能力	★☆☆☆☆
掉毛情况	★☆☆☆☆
城市适应性	★★★☆☆

品种标准

FCI AKC ANKC

CKC KC(UK) NZKC UKC

口吻不太长或不太重是比较好的品相

我是一种活跃勇敢且贪玩的小型工作梗，虽然腿短，但动作轻松有力，肌肉结实却没有沉重感，头上长有大量毛发，耳朵、尾巴和足爪整洁呈绒球状，表情狡猾却内心忠诚，是优秀的守门犬

将眉毛和肩部的每一根长毛梳洗干净，毛发造型理想时，我走着会长发飘逸，是主人做有氧运动、放松心情的极佳陪伴者；为了使我的毛发处于最好状态，先把毛发向前梳，拔掉长出来的毛发，再向下梳理，但一次不要拔掉太多毛发

体型：小型 | 体重：6~8千克 | 毛色：除白色以外的所有颜色

中文名称索引

英文名称索引

参考文献

[1] 吉姆·丹尼斯·布莱恩. DK世界名猫名犬驯养百科图鉴. 章华民译. 郑州：河南科学技术出版社，2015.

[2] 吉姆·丹尼斯·布莱恩. DK世界名犬驯养百科. 章华民译. 郑州：河南科学技术出版社，2014.

[3] [澳]欧文公司. 名犬. 徐晓东译. 北京：电子工业出版社，2015.

[4] 日本芝风有限公司. 名犬图鉴. 崔柳译. 石家庄：河北科技出版社出版，2014.

[5] 戴更基. 名犬图鉴——331种世界名犬驯养与鉴赏图典. 石家庄：河北科学技术出版社，2013.

[6] 藤原尚太郎. 世界名犬大图鉴. 北京：中国民族摄影艺术出版社，2016.

[7] 陈益材，王楗楠. 中国名犬. 北京：北京交通大学出版社，2012.

[8] 布鲁斯·弗格尔. DK名犬百科. 上海：上海文化出版社，2018.

[9] 阿尔德顿. 名犬：全世界300多种名犬的彩色图鉴. 北京：中国友谊出版公司，2005.

图片提供:

www.dreamstime.com